JN051428

人工知能入門 第2版

Introduction to Artificial Intelligence Second Edition

小高 知宏［著］

共立出版

はじめに

　人工知能の研究は，世界初のコンピュータが稼働し始めたばかりの1950年代に始まりました。その後，本書で紹介するさまざまな人工知能技術が誕生し，コンピュータの発展とともに大きく成長していきます。21世紀の現在，かつては想像すらできなかったほど強力になったコンピュータパワーに支えられて，人工知能の技術はまさに大きく花開きつつあります。さらに，爆発的なインターネットの発展により，人工知能技術を活用できる応用領域は，果てしなく拡大しつつあります。

　人間が言葉で話しかけるだけで，人が一生かけても調べ尽くすことのできない膨大なデータから望みのデータを瞬時に選び出してくれる技術，これは人工知能技術の応用例の1つです。あるいは，ネットショッピングで好みの商品をさり気なく提案してくれたり，不要なメールを選り分けてくれるのも人工知能技術の成果です。SNSに出現するボットや，コンピュータゲームに花を添えるAIプレーヤーは，まさにArtificial Intelligence，すなわち人工知能そのものです。私達のコンピュータライフは，人工知能技術に支えられていると言っても過言ではないでしょう。

　こうした華々しい人工知能の成果も，実は地道な人工知能研究が生み出した技術です。本書では，人工知能研究の成果を広く系統的に示すことで，人工知能の成果がどのように生まれたのか，また，今後どんな分野に人工知能技術が適用可能かを述べたいと思います。具体的には，探索による問題解決，知識表現と推論，学習，自然言語処理，進化的計算と群知能，それに自律エージェントなど，人工知能という学問領域を構成する基本的分野を網羅しています。本書ではこれらを，現代的な視点からわかりやすく解説します。

　本書は，大学などにおける半期15回の講義を念頭においた教科書として構成してあります。そのために，内容的に広く人工知能の諸領域をカバーするとともに，読みやすさに十分な配慮をはらいました。読みやすさへの工夫として，図表を多用するとともに，内容に関連するコラムを適宜挿入しました。また理解の助

けととなるよう練習問題を章末に示してその略解を巻末に配置し，より進んだ学習
の手掛かりとなるように，手に入りやすい参考文献も示しました。

　本書の実現にあたっては，著者の所属する福井大学での教育研究活動を通じて
得た経験が極めて重要でした。この機会を与えてくださった福井大学の教職員と
学生の皆様に感謝いたします。また，本書実現の機会を与えてくださった共立出
版株式会社の皆様にもあらためて感謝いたします。最後に，執筆を支えてくれた
家族（洋子，研太郎，桃子，優）にも感謝したいと思います。

2015 年 7 月　著者

はじめに　—第 2 版によせて—

　本書は，2015 年に刊行された『人工知能入門』の第 2 版です。初版刊行後，
人工知能の世界ではディープラーニング（深層学習）が爆発的に発展を遂げ，結
果として，世間一般から「世界を変革する技術」として注視されるまでになりま
した。そこで今回の改訂にあたっては，ディープラーニングに焦点を当て，新た
に 1 つの章（第 14 章）をディープラーニングに費やすこととしました。またそ
の他の章においても，ディープラーニングに関連する話題を扱った部分について，
内容の追記・補強を施しました。

　ただし，初版で扱った内容はいずれもその重要性は失われていないため，でき
るだけそのまま改訂版の本書にも繰り込むように工夫しました。結果として幾分
記述内容が増えてしまいましたが，「半期 15 回の講義を念頭においた教科書」と
いうコンセプトは維持しました。

　初版と同様に，大学等の教科書として，また，人工知能や機械学習の体系的な
入門書としての役割を果たせれば幸いです。

2023 年 7 月　著者

目　　次

第1章　人工知能とは何か

第2章　人工知能研究の歴史

第3章　探索による問題解決

第4章　知的な探索技法

第15章　人工知能の未来

第1章 人工知能とは何か

本章では序章として，人工知能とは何か，あるいは人工知能研究とは何をすることなのかを概観します。はじめに人工知能研究の成果を身近な例から取り上げます。次に，今日の人工知能研究の流れを概観することで，人工知能とは何かについて考えます。

1.1 人工知能研究の成果たち

本節では，**人工知能**（Artificial Intelligence, AI）研究の成果である，さまざまなアプリケーションシステムを見ていきます。これらの実例を通して，人工知能とは何であるのかを考えます。

● 1.1.1 自然言語認識システム

機械に話しかけるだけで機械が働いてくれることは，長い間人類の夢でした。機械が人間の言うことを聞いて"理解"してくれたら，それは機械が人工の知能を獲得したと言えそうに思えます。人工知能研究の分野では，この技術は**自然言語理解**（natural language understanding）や**音声認識**（speech recognition）の技術として研究されてきました。

現在，この夢はまさに実現したように思えます。例えば，スマートフォンのアプリケーションには，人間の言葉を聞きわけて取り込み，言葉を手掛かりに文字入力や検索処理を行うものがあります（図1.1）。さらに，問い合わせに対して**推論**（inference, reasoning）を行うことで返答を行うシステムもあります。この場合，スマートフォンが言葉を"理解"したかどうかはともかく，人間の知的活動の特徴である言語を使って人間とやりとりしていることは確かです。

自然言語認識システムは，コンピュータプログラムによって人間の知的活動を模倣することで，人間にとって役に立つ応用システムを構築するという，人工知

図1.1 自然言語認識システム

能技術の典型的な適用例です。この場合，人間が音声を認識する方法をまねる必要はなく，同じ結果を得るならば全然違う方法で実現してもかまいませんし，逆に人間をまねてもかまいません。このように，必ずしも人間の内部をまねるわけではありませんが，人間の振る舞いをお手本にして役に立つ知的システムの構築を目指すのが，人工知能研究の一般的な立場です。

本書では，第5章と第6章で知識の表現と推論について扱い，第9章と第10章で自然言語の処理技術を扱います。

● 1.1.2　検索エンジン

インターネットが爆発的な発展を遂げ，結果としてインターネット上には膨大なデータが蓄積されました。これらのデータは，**検索エンジン**（search engine）を用いることで，役に立つ情報として入手することができます。検索エンジンは，キーワードを手掛かりとしたインターネット情報検索システムです。かつては，大量の資料から有用な情報を選び出すことは，大変な手間を伴う知的作業でした。現代の検索エンジンは，こうした知的作業を肩代わりしてくれる知的なシステムであると言えるでしょう。

情報の探索技術は，人工知能研究の歴史においては，比較的初期の時代から研究されてきました。現在，情報探索の技術は，さまざまな人工知能技術の基礎技術ともなっています。探索の技術は，検索エンジンの基礎技術でもあります。インターネットの検索システムでは，情報収集において**エージェント**（agent）技術も利用されています（図1.2）。

もちろん，検索エンジンの行なっていることは，人間の行う知的作業とは本質的に異なる処理です。しかし，人間の行う知的活動を肩代わりしてくれるのですから，検索エンジンは人工知能研究の大きな成果であると言えるでしょう。

本書では，第3章と第4章で情報の探索について述べ，第12章と第13章でエ

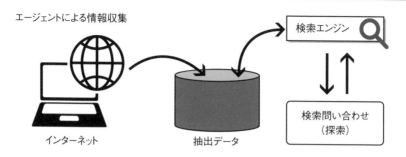

図 1.2　検索エンジンによる情報の探索

ージェントについて扱います。

● 1.1.3　自動翻訳

　自動翻訳は，例えば英語から日本語へ，また，日本語から英語へと，自然言語で記述された言語表現を，コンピュータプログラムを用いて自動的に変換する技術です（図 1.3）。人工知能分野では**機械翻訳（machine translation）**の技術として，早い時期から研究が進められました。現在では，分野を限定すれば実用的な翻訳が可能なレベルまで技術が発展しています。機械翻訳では，その基礎技術として，言語や背景知識を表現する手段である知識表現，あるいは既存の知識から新たな知識を推論する技術が多用されています。

　本書では，第 10 章で機械翻訳技術の原理について説明します。

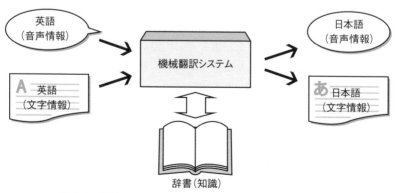

図 1.3　機械翻訳技術を用いた自動翻訳システム（英日翻訳）

● 1.1.4　ネットショッピングの「おすすめ」表示

　インターネットの便利な利用法の1つに，ネットショッピングがあります。ネットショッピングでは，利用者の購入や閲覧の履歴を基に，「おすすめ」商品を提案する仕組みをよく見受けます。これは，人工知能における**学習**（learning）の手法を応用した技術です（図1.4）。学習の技術はおすすめの提案だけでなく，さまざまな局面で利用されています。

　本書では，第7章と第8章で学習について扱います。

図1.4　学習の技術による「おすすめ」商品の提案

● 1.1.5　セキュリティシステム

　ネットワークが世の中で広く用いられるようになるにつれ，セキュリティの問題が深刻化してきました。例えばネットバンキングにおける不正侵入や，クレジットカード情報の盗難による不正使用などの問題が身近に発生しています。人工知能の技術を用いると，こうした不正なシステム利用が起こらないよう，システムの監視を継続的に行うことができます。

　この場合，まず，普段から正当な利用者の癖を学習しておきます。そうすると，ある時点での利用者の挙動が普段の癖から著しく異なっている場合に，システム管理者に警告を出す仕組みを作ることができます。こうすれば，いつもと違った行動を取る不正利用者を検出することができます。

　この場合の学習では，利用者の挙動データだけから，人工知能システムが自分で癖を読み取らなければなりません。こうした学習には，生物の進化や挙動を模倣した**進化的計算**（evolutionary computation）や**群知能**（swarm intelligence）

の手法が用いられることがあります。本書では，第11章で，進化的計算や群知能について扱います。

1.2　人工知能研究の現状

　ここでは，現在，人工知能研究がどのような状況であるかを概観します。特に，ビッグデータおよびディープラーニングという2つのキーワードに着目します。

● 1.2.1　ビッグデータの利用

　ビッグデータ（big data）とは，その言葉の通り，普通のパソコンでは格納することができないほどの巨大なデータのことです。ビッグデータに対してさまざまな手法を適用することでデータ解析を行うことを，ビッグデータ解析，あるいはビッグデータ分析と呼びます。

　ビッグデータ解析の目的は，非常に大規模で総合的なデータに対して一括してデータ処理を行うことで，従来行われてきたような個別の小規模なデータに対する解析ではわからなかったような新しい知識を得ることにあります（図1.5）。ビッグデータ解析の手法には，回帰分析やクラスタリングなどの統計的手法や，本書で扱うような人工知能的手法が用いられます。人工知能的手法としては，特に，探索や学習，進化的計算などの手法や，テキスト処理および自然言語処理の

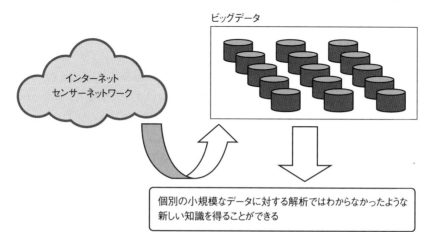

図1.5　ビッグデータの利用

手法が用いられます。これらの技術は過去数十年にわたって研究されてきたものですが，ビッグデータが入手可能となり，かつ，コンピュータの処理能力がビッグデータ処理に対応可能となった現在において，ビッグデータ解析の強力な手段として新たな視点から研究されています。

　ビッグデータの利用は，インターネットの発展に伴ってますます重要性を増しつつあります。インターネットが発展すればするほど，ネット上に蓄積されるデータが増えていき，それらデータのビッグデータとしての価値が増加するからです。またビッグデータは，インターネットだけでなくセンサーネットワークからも得られます。センサーネットワークは，環境の様子を自動的に取得するセンサーを多数配置し，センサーがネットワークを構成したネットワークシステムです。センサーの個数が多くなり，データ取得のタイミングが増えると，センサーネットワークの出力データ量は膨大なものとなります。したがって，センサーネットワークからのデータも，ビッグデータ解析の対象となりうるのです。

● 1.2.2　ディープラーニング

　ディープラーニング（deep learning）は，神経細胞による回路網をコンピュータプログラムでシミュレートした，**人工ニューラルネットワーク**（artificial neural network，単に**ニューラルネットワーク**，あるいは**ニューラルネット**とも呼びます）の最新技術です。従来のニューラルネットワークよりもはるかに構造を複雑化し，大量のデータを用意して機械学習の技術を用いてネットワークのパラメタを調整することで，従来よりも高性能なニューラルネットワークを実現します（図1.6）。

　ディープラーニングの実現には，ニューラルネットワークについての考察が発展したことに加え，大規模な計算を実行するための強力なコンピュータハードウェアが手に入るようになったことが大きく影響しています。つまり，ニューラルネットワーク自体は古くから研究されていましたが，近年，ネットワークの規模を拡大するのに必要な強力なコンピュータが使えるようになり，新たな局面が開けてきたのです。この点は，先のビッグデータの利用と状況がよく似ています。

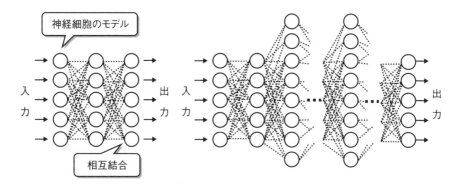

図1.6　ディープラーニングが対象とするニューラルネットワーク

1.3　人工知能とは何なのか

　第1章の最後に，人工知能とは何なのかをまとめておきましょう。1.1節では，現在広く利用されている人工知能研究の成果技術を概観しました。これらの実現にあたって人工知能研究がとった立場は，人間や生物の知的な活動をまねることで役に立つソフトウェアを作り出す技術の創出であったといえるでしょう。現在注目されている，ビッグデータ処理で利用されている人工知能技術も，ディープラーニングで用いられるニューラルネットワークの技術も，この点は同様です。そこでは，人間がどのような仕組みで知能を発現させているかを追求しているというよりは，知的活動を外から眺めて，コンピュータソフトウェアとして実現させるのに適した方法を探っているように思えます。

　もちろん，人工知能研究でも，人間やその他の生物が本当のところどのようにして知能を発現させているのかに興味を向けないわけではありません。そこで，終章である第15章において，あらためてこの点について考えてみることにしましょう。

コラム　　　　　　　　　**AI を取りまく学問領域**

　人工知能は計算機科学の一分野ですが，いくつかの学問領域に隣接しています。人工知能に近い学問領域として，認知科学があります。認知科学は，知能や知性を探求する学際的研究領域です。人工知能は，心理学の諸領域とも関連しています。さらに，言語学や哲学の諸領域にもつながりがあります。生物学領域では，神経科学や脳科学といった学問領域は，人工知能と深い関係があります。

　こうした隣接領域に対する人工知能の特徴は，1 つには，人工知能領域が工学領域である点にあると思われます。人工知能技術は，生物や人間の知的活動を模倣することを目標として，人類の福祉の増進に貢献することを目的としています。

章末問題

問題 1

　自然言語認識システムの具体的な実装例を調査してください。

問題 2

　検索エンジンのシステムで利用される，クローラと呼ばれるソフトウェアエージェントについて調べてください。

問題 3

　コンピュータシステムに不正に侵入しようとするクラッカーを，その振る舞いによって検出するには，どのような知的システムが必要でしょうか。

問題 4

　ビッグデータやディープラーニングの利用例について調べてみてください。

第2章　人工知能研究の歴史

　本章では，人工知能研究の歴史を概観します。1950年代のコンピュータ発明直後から人工知能の研究はスタートし，紆余曲折を経て現在に至っています。半世紀以上にわたって生じたさまざまな出来事のうちから，今日の人工知能技術に直接影響を与えた事項を選んで紹介します。

2.1　人工知能研究のはじまり（1950年〜）

　本節では，コンピュータが発明され人工知能研究が立ち上がっていった1950年代を中心に，いくつかのトピックスを示して人工知能研究の興りを紹介します。

● 2.1.1　ノイマンとチューリング

　現在のコンピュータの直接の先祖となる計算機が生まれたのは，1940年代であると言われています。1940年代には，アタナソフとベリーの発明した電子式計算機である **ABC** マシンや，一般に史上初のコンピュータと言われている **ENIAC** などが稼働しています。この後に，フォン・ノイマン（John von Neumann）が開発計画に参画した **EDVAC** や，EDVAC よりも先に稼働した **EDSAC** などのコンピュータが続きます。

　フォン・ノイマンは EDVAC の開発に関わり，その技術文書を作成・公開したことから，現在のコンピュータの発明に携わった主要人物として知られています。その名前は，現在のコンピュータの処理方式の呼び名である「ノイマン式」という言葉にも示されています。ちなみに，フォン・ノイマンはコンピュータの発明に関わっただけでなく，数学，物理学や気象学，あるいは経済学などの幅広い分野で多大な功績を遺しています。

　このフォン・ノイマンは，人工知能研究の創始者の一人としても知られていま

す。フォン・ノイマンは，**セルオートマトン（cellular automaton）** と呼ばれる，外界との相互作用によって自分自身の内部状態を時々刻々と変化させる仕組みを提案しました（図2.1）。セルオートマトンは生命現象のシミュレーションであり，後のエージェント技術の成立にも影響を与えています。

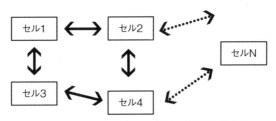

図 2.1　セルオートマトンの概念（内部状態を持つ
セルが時刻の経過に従って相互作用する）

　この時代の著名な計算機科学者に，**アラン・チューリング（Alan M. Turing）** がいます。アラン・チューリングはコンピュータサイエンスの分野では，計算論の基礎を築いたことと，人工知能研究の立ち上げに寄与したことで知られています。チューリングが1950年に発表した論文 "COMPUTING MACHINERY AND INTELLIGENCE" では，後に**チューリングテスト（Turing test）** として知られる，知性を評価する方法についての考察が展開されています。チューリングテストを現代的に解釈すると，人間の質問者がネットワークを通して誰かと文字ベースのチャットを行なって，その相手が人間かコンピュータプログラムかの区別がつかないならば，質問者の相手をしたコンピュータプログラムが知的であるとするものです（図2.2）。

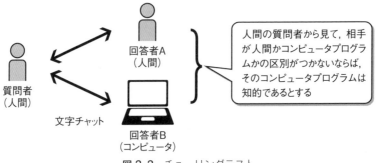

図 2.2　チューリングテスト

チューリングテストにはさまざまな批判がありますが，チューリングの研究が

人工知能研究の立ち上げに大きく貢献した点は否定できません。

● 2.1.2 ダートマス会議

　人工知能（Artificial Intelligence, AI）という言葉が史上初めて使われたのは，1956年に開催された**ダートマス会議**（Dartmouth Conference）の開催企画書においてであると言われています。ダートマス会議は，人工知能と計算機科学に関するセミナーとして，1956年夏にダートマス大学で開催された会合です。日本語の名称には「会議」という言葉が付いていますが，実際は研究者の集う学術的なセミナーとして開催されています。

　この会議の開催にあたっては，後に人工知能研究の大御所となるジョン・マッカーシー（John McCarthy）やマービン・ミンスキー（Marvin Minsky）らが中心となって企画を進めました。ダートマス会議では，自然言語処理やニューラルネットワークなどの話題が扱われました。その企画書には，「学習やその他の知能の特徴は，機械でシミュレートできる形式に記述可能である」という主張が見受けられます。これは，知的活動はプログラムで模擬できるという意味であり，まさに後の時代の人工知能研究の立場そのものです。

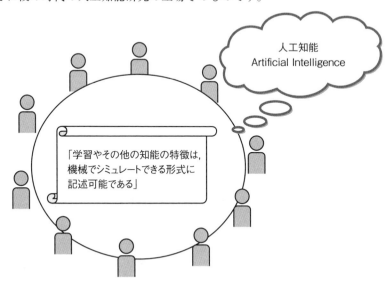

ダートマス会議（Dartmouth Conference）
→マッカーシーやミンスキーらが中心となって企画

図2.3　ダートマス会議

2.2　人工知能の発展期
（1960年〜）

　1960年代前後は，人工知能が発展した時代です。この頃行われた研究から，現在の人工知能研究につながりの深いトピックスを紹介します。

● 2.2.1　LISP言語

　LISP言語は，プログラミング言語の一種です。LISP言語は，1958年にマッカーシーによって開発されました。本来LISP言語は計算理論の研究の過程で生まれた言語ですが，人工知能研究でもLISP言語がよく用いられています。これは，LISP言語が，リスト構造という柔軟なデータ構造を簡単に扱えることが一つの理由です。またLISP言語処理系はインタプリタ方式で動作するため，少しずつ試しながらプログラムを作成する研究的なプログラミング作業に向いているということもあります。

　LISPはfortranやCOBOLと並んで最古のプログラミング言語ですが，今でも発展しつつ，人工知能だけでなくさまざまな分野で広く用いられています。

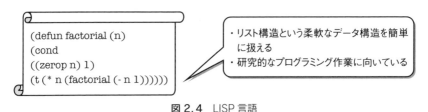

```
(defun factorial (n)
(cond
((zerop n) 1)
(t (* n (factorial (- n 1)))))))
```

・リスト構造という柔軟なデータ構造を簡単に扱える
・研究的なプログラミング作業に向いている

図2.4　LISP言語

● 2.2.2　エキスパートシステム

　この時代に始まった研究領域として，**エキスパートシステム**（expert system）と**知識工学**（knowledge engineering）があります。第6章でも述べるように，エキスパートシステムは専門家の持つ知識を使ってさまざまな問題解決を行うソフトウェアシステムです。また知識工学は，エキスパートシステムの構築や運用に関わる技術を扱う工学分野です。

　DENDRAL（1967年）は，初期のエキスパートシステムの代表例です。DENDRALはファイゲンバウムらの研究によるもので，化学分野において質量スペ

クトルの分析結果を解析するためのエキスパートシステムとして開発されました。

MYCIN (1974年) は，医療診断分野における専門家の知識を利用するためのエキスパートシステムです。MYCIN の研究以降，知識工学やエキスパートシステムの研究が非常に盛んになり，実用的なシステムを含めて，さまざまなエキスパートシステムが開発されました。

● 2.2.3 積み木の世界

1971年，MIT のウィノグラードは，**SHRDLU** と呼ぶソフトウェアシステムについての論文を発表しました。SHRDLU は，たくさんの積み木が置かれた世界に対する質問や操作を，英語を用いて行うという人工知能システムです。SHRDLU は，非常に限られた対象範囲であれば，コンピュータと人間が自然言語でやりとりできることを示した画期的なシステムでした。しかし，現実世界のように何が出てくるかわからないような環境で同様なことを実現するのは容易ではありません。その検討の過程では，後に述べるフレーム問題や新しい AI などが提起されました。この議論は，現在まで尾を引いている問題です。

● 2.2.4 遺伝的アルゴリズム

生物の進化をコンピュータで模擬することでさまざまな計算を行う仕組みを，**進化的計算** (evolutionary computation) と呼びます。1975年にホランドは，進化的計算の一種である**遺伝的アルゴリズム** (Genetic Algorithm, GA) を提案しました。GA を含め，進化的計算の研究は現在でも進められています。

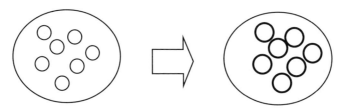

個体集団が環境と相互作用　　　　環境により適合した形質を獲得(進化)

図 2.5　進化的計算

2.3　実用技術としての人工知能 (1980 年〜)

1980 年代になり人工知能研究が進んでくると，人工知能技術が実用的に用いられるようになるとともに，現在の人工知能研究に直接影響を与える出来事がいくつも生じています。

● 2.3.1　第五世代コンピュータプロジェクト

1982 年から日本で始められた**第五世代コンピュータ**の実現を目指すプロジェクトは，論理型言語や自然言語処理，並列処理コンピュータの開発などを目指した国家プロジェクトでした。国の主導で推進されたこのプロジェクトには，民間企業を含めたさまざまな研究組織から研究者が参加し，その成果として，高性能なワークステーション PSI や論理型言語 ESP などが開発され，技術的には大きな成果を挙げました。

● 2.3.2　包摂アーキテクチャ

1980 年代には，ブルックス（Rodney Brooks）が**包摂アーキテクチャ**または**サブサンプションアーキテクチャ**（subsumption architecture）に基づく**新しい AI**（new AI）の概念を提唱しました。包摂アーキテクチャは自律的に動作するエージェントシステムを構成するための方法論であり，例えば掃除ロボットや地雷除去ロボット，あるいは火星探査ロボットのような，現実世界で動作することのできる自律エージェントシステムの設計に活かされています。

　包摂アーキテクチャは階層構造によるエージェント構成技法であり，主として外界との相互作用によって各階層の役割が決まってくるという特徴があります。外界と相互作用するにはエージェント自身の体が必要であり，体を持った AI が環境との相互作用で知性を実現するという**身体性認知科学**（embodied cognitive science）の概念が提唱されました。

● 2.3.3　心の社会

1987 年にミンスキーは，『**心の社会**（*The Society of Mind*）』という書籍を著しました。この中でミンスキーは，心は階層構造を持った分散システムであり，

サブシステムの相互作用によって心の働きが生み出されると主張しました。この考えは，多くの人工知能研究に影響を与えています。

2.4　ネットワークを前提とした人工知能（1990年〜）

　1990年代以降のインターネットの爆発的発展は，人工知能技術の適用範囲を大きく広げました。この時代は，それ以前には利用することができなかった高速大容量のコンピュータが誰でも使えるようになったという特徴もあります。ネットワーク技術とコンピュータ技術の発展は，人工知能研究にも大きな影響を与えました。

● 2.4.1　インターネットの発展

　インターネット（Internet）は，1969年に稼働したARPANETから始まり，現在までに爆発的発展を遂げています。特に，1990年代にネットワークの管理主体が民間企業であるインターネットプロバイダに移ってから，インターネットは急速に発展を遂げました。

　人工知能技術にとっては，インターネットの環境は現実世界と同じように重要な意味を持っています。インターネット上で動作するAIプログラムや，インターネット上に蓄積されたデータを利用する解析ソフトなど，インターネットは人工知能技術が生かされる絶好の環境となっています。

● 2.4.2　Deep Blue

　1997年，IBMの開発したチェスマシンであるDeep Blueは，当時の人間のチェスチャンピオンG. Kasparov（カスパロフ）を打ち負かしました。既に1950年代から60年代にかけては，チェスよりもルールが簡単なチェッカーというボードゲームにおいて，サミュエルのプログラムが人間との対戦を実現しています。しかしチェスプログラムが人間のチェスチャンピオンに勝つようになるまでは，その後40年の年月が必要でした。

　Deep Blueは強力なチェス専用コンピュータであり，探索や推論の技術を用いて力づくで手筋を調べることで人間を超えました。Deep Blueのやり方は人

間のチェスプレーヤーの思考方法とは全く異なるかもしれませんが，探索や推論という人工知能技術としての正攻法で人間に勝ったのでした。

2.5 社会基盤としての人工知能 (2010年〜)

現在の社会では，人工知能技術は社会の基盤技術として活躍しています。具体的な事例は第1章で述べましたが，ここでは今後の人工知能研究に影響を与えそうな技術上の出来事を紹介します。

● 2.5.1 WATSON

WATSON は，IBM が開発した自然言語による質問応答システムです。当初WATSON は，アメリカの人気クイズ番組『Jeopardy!』において，人間と同じルールでクイズに答えるシステムとして開発されました。つまり，英語の文で出題されるクイズを読み取り，他の参加者より早く解答ボタンを（電磁石の指で）押すことで解答します。このとき，他の参加者と同じく，インターネットを検索したりせずに自分の持っているデータだけで解答を見つけます。WATSON は2011年に人間のクイズチャンピオンを破って Jeopardy! のチャンピオンとなりました。

WATSON は，基本的には大規模な知識表現データに対する探索や推論によって動作するシステムです。したがって，おそらく，人間のクイズチャンピオンが行なっている思考方法とは全く異なる方法で答えを得ています。それでも，質問に対する正しい答えを得る方法としては優れたものであり，今後さまざまな分野への技術的応用が期待されています。

● 2.5.2 ネットワークエージェント

既に第1章で述べたように，インターネットを前提とした自律的ソフトウェアエージェントは，情報の探索や利用者のアシストなどの場面で広く用いられています。インターネットは，記号処理に基づく伝統的な人工知能技術と相性が良いので，この分野は今後のさらなる発展が見込まれています。

● 2.5.3 ディープラーニングの発展

2010 年代は，ディープラーニング（深層学習）が広く知られるようになった時代です。ディープラーニングは，まず，画像に何が写っているのかを自動的に識別する画像認識の分野でその有効性が認められました。そこでは，ニューラルネットの一種である**畳み込みニューラルネット**（Convolutional Neural Network, CNN）が用いられたため，畳み込みニューラルネットを用いたさまざまな応用研究が進められ，さまざまな分野でディープラーニングが有用であることが示されました。

その一例として，囲碁の AI プレーヤーである **AlphaGo** の研究があります。囲碁は，Deep Blue が対象としたチェスと比較して遥かに複雑なゲームであり，チェスと同じ方法では人間のプロ棋士と対等に対局できる AI プレーヤーを構成するのは難しいとされていました。AlphaGo は，畳み込みニューラルネットなどのディープラーニングの技術を利用することで，それまでは人間のプロ棋士には到底及ばなかった囲碁の AI プレーヤーのレベルを，世界トップレベルのプロ棋士を打ち破るまでに高めました。

ディープラーニングによる AI プレーヤーの作成は，例えば将棋など別のゲームにも応用されており，囲碁の場合と同様に人間のトップ棋士を凌駕する実力を有する AI プレーヤーが開発されています。さらにこれらの技術は，広くディープラーニング全体の発展に応用されています。

2020 年代には，ディープラーニングは，画像認識や音声認識，あるいは自然言語処理などに幅広く用いられており，応用分野として自動運転や医用画像処理，スマホのアプリや家電制御など，さまざまな用途に利用されています。

AI 研究の衰微隆盛

　1950 年代に始まった人工知能研究は，1960 年代にかけて大きく発展し，社会から大きな期待が寄せられました。その進歩は非常に急激だったので，もう間もなく人間と同等な知性を持ったコンピュータが出来上がると信じる人々もいました。その後も学術的な意味での研究は着実に進みましたが，人間そっくりのコンピュータがすぐには出来上がらなかったことに失望した人々もあり，人工知能の社会的ブームは一時沈静化します。公的な研究資金が削減されるなど，予算的背景が失われたこの時期を人工知能研究の「冬の時代」と呼ぶ人もいます。

　1980 年代には，エキスパートシステムや自然言語処理の技術が実用的に用いられるようになり，また人工知能研究がもてはやされるようになります。その後この流行は沈静化し，21 世紀に入ってインターネットやコンピュータハードウェアの発展に伴ってまたブームを巻き起こします。現在では，人工知能技術はまた盛り上がりを見せていますし，一方，身近な社会基盤技術としてごく当たり前に利用されてもいます。

章末問題

問題 1

　チューリングテストは，チューリングの原論文では "The imitation game" と呼んでいます。原論文を参照して，いわゆるチューリングテストと "The imitation game" との違いを調べてください。

問題 2

　Lisp 言語を使って記述されたソフトウェアシステムにどのようなものがあるか調査してください。

問題 3

　第五世代コンピュータプロジェクトにおける「第五世代」とはどのような意味なのでしょうか。プロジェクトの経緯とともに調査してください。

問題 4

　Deep Blue や WATSON，AlphaGo について調べてください。

第3章 探索による問題解決

本章では，対象となる多くのデータの中から必要なデータを見つけ出す技術である，**探索**（search）について扱います。探索の技術は問題解決の基礎となるばかりでなく，推論や学習などさまざまな人工知能技術の基礎技術としても用いられています。

3.1 探索とは

対象となる多くのデータの中から必要なデータを見つけ出す作業である探索は，人間の行う知的作業の中でも最も基本的な作業の1つです（図3.1）。

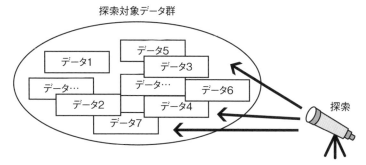

図 3.1 探索とは，必要なデータを見つけ出す技術

探索は，多くのデータの中から答えを見つけ出したり，さまざまな可能性の中から望ましい結論を導いたり，あるいは知識を組み合わせて新しい知識を生み出すなど，さまざまな知的作業において必要となる技術です。

● 3.1.1 ルート探索

具体的な探索の手法を考えるために，ここではまず，カーナビの**ルート探索**（path finding）を例として取り上げることにします。図3.2に単純化したルート

探索の例を示します。図3.2で，図左上の出発点（S）から，右下の目的地（G）までの間を，直線で示した道路を通って到達することを考えます。図で，丸で囲んだアルファベットは交差点を表し，四角で囲んだ部分は行き止まりの地点を表します。

　この問題を解くのが人間であり，探索対象となる地図全体を見渡すことができる立場にありさえすれば，答えの探索は簡単です。すなわち，

S→A→D→H→J→G

の順に進めば，目的地にたどり着くことができます。

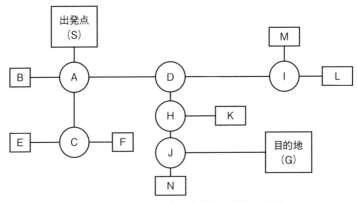

図3.2　カーナビのルート探索（探索の実例）

　しかし，人工知能の技術としては，コンピュータ上で動作するプログラムが道順を見つけ出せなければいけません。しかし，コンピュータプログラムは地図全体を眺めるなどということはできません。そこで，1つずつ手順を踏んで探索を進めることになります。

　コンピュータプログラムが探索を行う際には，まず，出発点Sから到達可能な場所を探します。すると，交差点Aが見つかります。交差点Aの次は，B, C, およびDに進むことができます。試しにBに進むと，Bは行き止まりであることがわかります（図3.3①）。そこでいったんAに取って返して（図3.3②），B以外の方向，例えばDに進みます（図3.3③）。

　交差点Dからは，Aに戻らないとすると，交差点Hあるいは交差点Iに進めます。そこで交差点Iに進み（図3.3④），その先のL地点に進んだとします（図3.3⑤）。L地点は行き止まりですからIに戻り（図3.3⑥），さらにDに戻

ります（図3.3⑦）。交差点Dからまだ進んでいないのは交差点Hだけですから Hに進み（図3.3⑧），さらに，Jを通って（図3.3⑨），目的地Gにたどり着きました（図3.3⑩）。

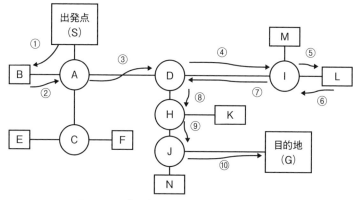

図 3.3　プログラムによるルート探索の過程

　以上の作業は，実は人間がルート探索を行う場合でも必要になることがあります。例えば，地図全体を一目で見渡すことができなければ，人間でも，順番にルートをたどらなければならないでしょう。この場合には，コンピュータが行うような探索手続きが必要になります。

　さて，以上の過程では，コンピュータプログラムは次のような処理を繰り返しています。

ルート探索の手続き
　① 現在の地点から，次に行ける候補地点を探し出す。
　② 候補地点の中から1つ選んで移動する。
　③ 移動地点が目的地でなければ，①に戻る。

　この処理手続きが，探索の基本的な処理アルゴリズムです。上記の探索例はあまり効率の良い結果となりませんでしたが，探索方法を工夫することでより効率的な探索が可能となります。本章の後半では，探索方法について詳しく見ていくことにします。

● 3.1.2　パズルの探索

　こうした探索手続きは，実はルート探索以外にも応用が可能です。例えば，次のようなパズルを，探索を使って解くことを考えてみましょう。

**　3枚のコインのパズル**

裏表の区別があるコインが3枚，一列に並んでいます。今，隣り合う2枚のコインを同時に裏返す操作だけで，ある並び方のコインをすべて表または裏にする方法を示してください。

　例えば，3枚のコインが次のように並んでいたとします。

```
表　裏　表
```

　このパズルでは，パズルのルールとして，隣り合う2枚のコインを同時に裏返すことしかできません。そこで，例えば左と中央のコインを同時に裏返してみます。

```
裏　表　表
```

　こうなれば，後は右と中央のコインを同時に裏返して，

```
裏　裏　裏
```

　これですべて裏にすることができました。このように，隣り合う2枚のコインを同時に裏返す操作だけで，ある初期状態から，すべて表または裏にすることが，このパズルの目標です。

　このパズルを先ほどの①〜③の探索手続きを使って解くことを考えます。①〜③はルート探索の言葉で書かれていますから，これをパズルの探索に合わせて言い換えてみましょう。すると，次のようになります。

　「3枚のコインのパズル」の探索手続き

　　① 現在の並び方から，次に取り得る並び方候補を探し出す。

②　並び方候補の中から1つ選んで並び替える。

③　並び方が目標の状態（つまり，すべて表またはすべて裏）でなければ，
①に戻る。

上記①～③の手続きで，パズルを探索してみます。今度は，次のような並びか
ら始めてみましょう。

```
裏　表　裏
```

手続き①を適用すると，裏返すことができるのは，"右と中央のコイン"の2
枚か，"左と中央のコイン"の2枚かの，どちらかです。そこで②の手続きとし
て，右と中央のコインを裏返してみましょう。

```
裏　裏　表
```

次に③のステップで，状態の確認を行います。すると，この状態は目標の状態
ではありませんから，①に戻ります。

この状態でも，次に裏返すことができるのは，"右と中央のコイン"の2枚か，
"左と中央のコイン"の2枚かの，どちらかです。今度は，②の手続きとして，
左と中央のコインを裏返します。すると，次の結果を得ます。

```
表　表　表
```

③のステップとして状態の確認を実施すると，この結果は目標の状態の1つで
ある，すべて表の状態と一致しています。これで探索を終了します。

● 3.1.3　探索による問題解決

以上，2つの簡単な例題を通して，探索による問題解決とは何かを見てきまし
た。ここで紹介したルート探索や3枚のコインのパズルは，問題解決の例題とし
てはとても簡単な問題です。しかし，もっと難しい情報検索や，より現実的な問
題解決に対しても，探索によって答えを探し出す手法は適用可能です。そこで，
探索の手法をもっと一般的な形にまとめてみましょう。

　まず，問題解決においては，**初期状態**（initial state）と**目標状態**（goal state）という少なくとも2つの**状態**（state）が与えられます。ここで状態とは，例えばルート探索で言えば，現在の位置にあたります。また3枚のコインのパズルで言えば，現在のコインの並び方にあたります。初期状態は探索のスタート時の状態であり，目標状態はゴールとなる状態です。

　一般に，問題の状態の数は2つよりはるかに多いのが普通です。つまり，初期状態と目標状態の間に，たくさんの中間的な状態が存在します。ルート探索では移動のつど状態が変化しますし，3枚のコインのパズルではコインを並び替えれば，別の状態に変化します。このような一連の状態の集まりを，**状態空間**（state space）と呼びます（図3.4）。

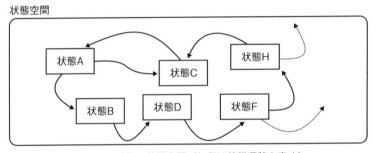

図3.4　状態・状態空間（矢印は状態遷移を表す）

　ある状態から別の状態に移ることを，**状態遷移**（state transition）と呼びます。また，状態遷移を生じさせる仕組みを，**オペレータ**（operator）と呼びます。ルート探索では，移動というオペレータによって状態遷移が生じますし，3枚のコインのパズルでは，コインの並び替えというオペレータによって状態遷移が生じます。

　以上の言葉を使うと，探索とは，初期状態から出発して，オペレータ適用による状態遷移を繰り返し，目標状態を状態空間の中から探し出す作業であると言えます。また，一般的な探索手続きをまとめると，次のようになります。

一般的な探索の手続き
　① 現在の状態から，次に遷移する状態の候補をオペレータを用いて探し出す。
　② 遷移先の状態を決めて，状態遷移を実行する。

③ 遷移先の状態が目標状態でなければ，①に戻る。

　上記の言葉を用いて説明すると，例えばビッグデータの情報探索手続きは，検索の初期状態から始めて，順次オペレータを適用して関連する情報を見つけ，目標状態を探し出すことに相当します。Webサイトのクローリングによるインターネットの情報収集であれば，オペレータはWebページのリンク情報をたどることに相当します。ゲームのAIは，現在の状態と，これに適用可能なオペレータを用いることで，探索により目標状態を探し出します。このように，探索による問題解決の方法はさまざまな分野に応用可能です。以下本章では，探索の手続きを実行する具体的な方法について検討することにします。

3.2　力任せの探索手法

　探索の具体的実行方法として，最初に力任せの方法を紹介します。この方法では，初期状態から始めて，状態空間をしらみつぶしに探索することで目標状態を探し出します。力任せの方法は，効率は良くありませんが，さまざまな探索手法の基礎となる方法です。

● 3.2.1　探索木

　はじめに，状態空間を系統的に探索する方法を考えます。前節の図3.2に示したルート探索の例で説明を進めます。

　今，初期状態にあたる出発点（S）から，交差点Aに移動した状態を考えます。交差点Aでは，後戻りすることを除くと，次の移動方向は3方向となります。つまり，前進して交差点Cに進むか，右折してB地点に進むか，あるいは左折して交差点Dに進むかのいずれかになります。

　このうち，B地点は行き止まりですから，これ以上先に進むことはできません。交差点Cに進むと，次に進めるのはE地点とF地点です。また，交差点Dに進むと，次に進めるのは，交差点Hか交差点Iです。以上の様子を図3.5に示します。

　図3.5で行なった状態遷移を簡潔に図に表したのが図3.6です。図3.6では，出発点Sから順に進んだ過程を，図の上から下に向けて記述しています。この

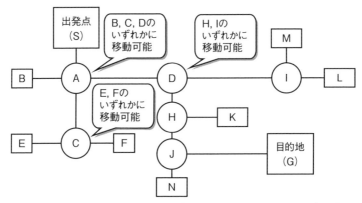

図 3.5　ルート探索　出発点 S から交差点 A に進み，さらにその先へ進む

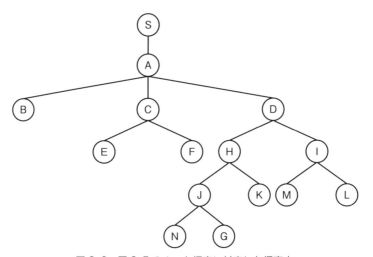

図 3.6　図 3.5 のルート探索に対応した探索木

ように探索の様子を木構造で表現した図を，**探索木**（search tree）と呼びます。

　一般に木構造を表現する際には，**根**（root）となる**節点**（node）は図の最上部に置きます。探索木では，初期状態が木の根にあたり，図の最上部に置かれます。オペレータによる状態遷移を木の枝として描き，各節点が状態を表します。それ以上オペレータを適用できない節点は，木構造における**葉**（leaf）として表現されます。図 3.6 では，状態 B, E, F, K, M, L, N および G が行き止まりであり，木構造の葉として表現されています。なお，この中で G は特別な状態である目

標状態です。

　状態空間を系統的に探索するためには，探索木の考え方を用いるのが有効です。すなわち，探索の一般的手続きにおいて，手続きの進行につれて探索木を成長させていくと考えて，目標状態に至るまで探索木を作り上げると考えます。

　探索木を成長させる基本的な方法として，**横型探索**（width first search）と**縦型探索**（depth first search）の2つの方法があります。横型探索は**幅優先探索**とも呼ばれ，探索木の同じレベルの節点を並行的に成長させていく探索方法です。図3.7に横型探索における状態の探索順序を示します。

　図3.7で，初期状態Sにオペレータを適用すると，唯一の展開結果である状態Aを得ます。次にAにオペレータを適用すると，状態B, C, Dを得ます（図3.7①）。横型探索では次に，これら3つの状態を順に調べます。まずBにオペレータを適用すると，これ以上展開することができません（図3.7②）。次にCにオペレータを適用しEとFを得ますが（図3.7③），横型探索では，これらの状態の展開は後回しにします。その代わりにDを展開して，先にHとIを得ます（図3.7④）。さらに次の段階では，探索木の同じレベルの節点であるE, F, HおよびIの展開を実施します（図3.7⑤〜⑧）。以下同様に，目標状態Gが得られるまで状態遷移を進めます。

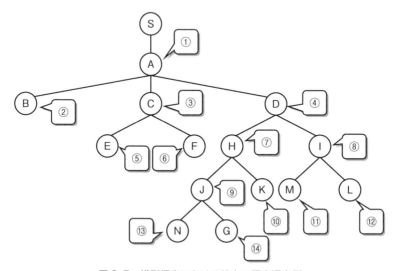

図3.7　横型探索における節点の探索順序例

　このように，横型探索では，探索木を横方向に順に調べていくことで探索を進

めます。図 3.8 にその様子を示します。

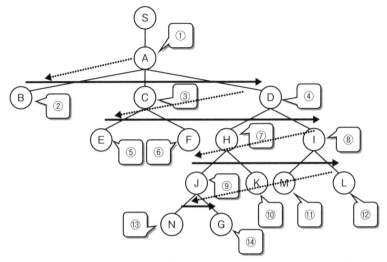

図 3.8　横型探索では，探索木を横方向に順に調べていくことで探索を進める

　横型探索に対して縦型探索では，探索木の深い部分を先に探索します。このため縦型探索は，**深さ優先探索**とも呼ばれます。図 3.9 に，縦型探索による探索の例を示します。

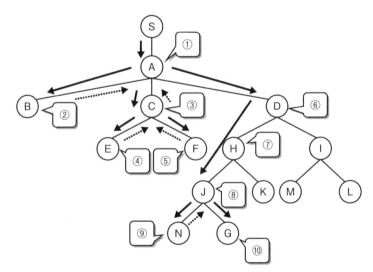

図 3.9　縦型探索における節点の探索順序例

図 3.9 で，節点 C を展開した後，同じレベルにある節点 D を調べずに，より深いレベルにある節点 E と F を先に展開します。その後，節点 D を展開し，続いて H, J, N と，探索木のより深い方向へ展開を進めます。最後に目標節点である接点 G を見つけて探索を終了しています。

縦型探索では，探索の過程で，深い方向に探索を進めた結果，節点の展開に失敗して後戻りすることがあります。図 3.9 で点線の矢印で示したこの後戻りを，バックトラック（back track）と呼びます。

本節では以下，横型探索と縦型探索の具体的な処理手続きを示します。

● 3.2.2 横型探索

はじめに，横型探索の手続きを考えます。基本的な処理の流れは，3.1 節の最後に示した①～③のステップと一緒です。ただし，節点を展開する順序に工夫が必要です。そこで展開順序の制御のために，**オープンリスト**（open list）と**クローズドリスト**（closed list）という 2 つのデータ構造を利用します。ここでオープンリストは，展開対象となる節点を蓄えておくためのデータ構造であり，クローズドリストとは展開し終えた節点を格納しておくためのデータ構造です。

オープンリストとクローズドリストを利用して横型探索の手続き（アルゴリズム）を表現すると，次のようになります。

横型探索の手続き

初期化：オープンリスト O () とクローズドリスト C () を作成する。
　　　　オープンリストに初期状態 S を格納し，O(S) とする。

探索の本体：以下の①から③を繰り返す。

① オープンリストの先頭から節点を取り出す。オープンリストが空なら終了（目標状態が見つからなかった）。もしくは，この節点が目標状態なら探索終了（目標状態が見つかった）。

② 取り出した節点にオペレータを適用し，節点を展開する。

③ 展開した結果得られた節点から，オープンリストまたはクローズドリストに重複のない節点を残し，オープンリストの末尾に適当な順番で追加する。展開し終えた節点はクローズドリストの末尾に追加する。

　横型探索の手続きを図3.5のルート探索の例で実行してみましょう。まず，初期化を行い，初期状態Sの格納されたオープンリストと，空のクローズドリストを得ます。

O(S)　　　　　C()

　次に，探索の本体を適用します。ステップの①でオープンリストから節点Sを取り出します。次に②でSを展開し，Aを得ます。後で探索順序を求めるために，AがSから来たことがわかるようにA(S)と書いておきましょう。そして，ステップ③でA(S)をオープンリストの末尾に追加し，Sはクローズドリストに移動します。その結果，オープンリストとクローズドリストは次のようになります。

O(A(S))　　　　　C(S)

　探索の本体の2回目の繰り返しでは，節点A(S)をオープンリストから取り出し，展開します。展開すると，節点B，CおよびDが得られます。これらをオープンリストの末尾に追加し，展開し終えた節点A(S)をクローズドリストに追加すると，結果は次のようになります。

O(B(A), C(A), D(A))　　　　　C(S, A(S))

　3回目の繰り返しでは，オープンリストの先頭から節点B(A)を取り出し，同様に処理します。B(A)は展開できませんから，オープンリストには何も追加されません。B(A)をクローズドリストに加え，結果は次のようになります。

O(C(A), D(A))　　　　　C(S, A(S), B(A))

　4回目は，オープンリストの先頭要素であるC(A)が展開対象となります。C(A)を展開すると，E(C)とF(C)を得ます。これらをオープンリストの末尾に挿入し，C(A)はクローズドリストの最後尾に追加します。

O(D(A), E(C), F(C))　　　　　C(S, A(S), B(A), C(A))

5回目では，オープンリストの先頭要素はD(A)です。これを展開し，H(D)とI(D)を得ます。結果として，各リストは次のようになります。

O(E(C), F(C), H(D), I(D))　　　　C(S, A(S), B(A), C(A), D(A))

以下同様に，手続きを繰り返して，順次以下のような結果を得ます（図3.10）。

O(F(C), H(D), I(D))　　C(S, A(S), B(A), C(A), D(A), E(C))
O(H(D), I(D))　　C(S, A(S), B(A), C(A), D(A), E(C), F(C))
O(I(D), J(H), K(H))　　C(S, A(S), B(A), C(A), D(A), E(C), F(C), H(D))
O(J(H), K(H), M(I), L(I))　C(S, A(S), B(A), C(A), D(A), E(C), F(C), H(D), I(D))
O(K(H), M(I), L(I), N(J), G(J))　C(S, A(S), B(A), C(A), D(A), E(C), F(C), H(D), I(D), J(H))
O(M(I), L(I), N(J), G(J))　C(S, A(S), B(A), C(A), D(A), E(C), F(C), H(D), I(D), J(H), K(H))
O(L(I), N(J), G(J))　C(S, A(S), B(A), C(A), D(A), E(C), F(C), H(D), I(D), J(H), K(H), M(I))
O(N(J), G(J))　C(S, A(S), B(A), C(A), D(A), E(C), F(C), H(D), I(D), J(H), K(H), M(I), L(I))
O(G(J))　C(S, A(S), B(A), C(A), D(A), E(C), F(C), H(D), I(D), J(H), K(H), M(I), L(I), N(J))

図3.10　横型探索の探索過程

最後に，オープンリストの先頭要素が目標状態であるGとなり，探索を終了します。

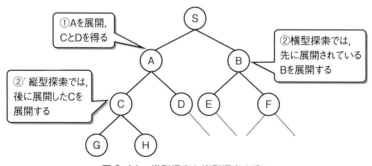

図3.11　横型探索と縦型探索の違い

● 3.2.3　縦型探索

縦型探索が横型探索と異なるのは，展開後の節点の探索順序です。つまり，横型探索では，展開した直後の節点は後回しにして，先に以前展開した節点の処理を行います。これに対して縦型探索では，展開した直後の節点に対して，さらに展開を試みます。

例えば図 3.11 で，節点 S を展開して A と B を得た後，A を展開して C と D を得ます（図 3.11 ①）。次に横型探査では，先に展開されている節点 B を展開し，E と F を得ます（図 3.11 ②）。これに対して縦型探索では，後に展開した節点 C を優先して，節点 G と H を得ます（図 3.11 ②′）。

このような違いを手続きとして実現するには，横型探索と縦型探索で，オープンリストへの節点の追加方法を変更する必要があります。縦型探索の手続きを以下に示します。

縦型探索の手続き

初期化：オープンリスト O() とクローズドリスト C() を作成する。
　　　　オープンリストに初期状態 S を格納し，O(S) とする。

探索の本体：以下の①から③を繰り返す。

① オープンリストの先頭から節点を取り出す。オープンリストが空なら終了（目標状態が見つからなかった）。もしくは，この節点が目標状態なら探索終了（目標状態が見つかった）。

② 取り出した節点にオペレータを適用し，節点を展開する。

③ 展開した結果得られた節点から，クローズドリストに重複のない節点を残し，オープンリストの先頭に適当な順番で追加する。もしオープンリストに重複があれば，オープンリストに先にあった節点を削除する。展開し終えた節点はクローズドリストの末尾に追加する。

縦型探索の手続きと横型探索の手続きの違いは，探索の本体③の部分にあります。違いは次の 2 点です。

(1) 縦型探索では展開した直後の節点に対して，続けて展開を行います。このため，展開し終えた節点をオープンリストに加える際に，オープンリストの先頭に挿入します。

(2) 同じ理由で，展開した節点と同じ節点がオープンリストに既に存在したら，展開した方の節点を残して，前からオープンリストにある方の節点は削除します。

それでは，図 3.5 のルート探索を例に，縦型探索の実行過程を調べましょう。まず，初期化を行い，初期状態 S の格納されたオープンリスト O(S) と，空のクローズドリスト C() を得ます。次に，探索の本体を適用します。ステップの①でオープンリストから節点 S を取り出します。次に②で S を展開し，A を得ます。そして，ステップ③で A(S) をオープンリストの先頭に追加し，S はクローズドリストに移動します。その結果，オープンリストとクローズドリストは次のようになります。

O(A(S))　　　　　C(S)

　探索の本体の 2 回目の繰り返しでは，節点 A(S) をオープンリストから取り出し，展開します。展開すると，節点 B, C および D が得られます。これらをオープンリストの先頭に追加し，展開し終えた節点 A(S) をクローズドリストに追加すると，結果は次のようになります。

O(B(A), C(A), D(A))　　　　C(S, A(S))

---

　3 回目の繰り返しでは，オープンリストの先頭から節点 B(A) を取り出し，同様に処理します。B(A) は展開できませんから，オープンリストには何も追加されません。B(A) をクローズドリストに加え，結果は次のようになります。ここまでは，横型探索と同じ結果です。

O(C(A), D(A))　　　　C(S, A(S), B(A))

---

　4 回目は，オープンリストの先頭要素である C(A) が展開対象となります。C(A) を展開すると，E(C) と F(C) を得ます。これらをオープンリストの先頭に挿入し，C(A) はクローズドリストの最後尾に追加します。

O(E(C), F(C), D(A))　　　　C(S, A(S), B(A), C(A))

5回目では，オープンリストの先頭要素はE(A)です。E(A)は行き止まりなので展開できません。そこで6回目の繰り返しで，さらにF(C)を展開しますが，これも展開できません。この時点で，各リストは次のようになります。

O(D(A))　　　　C(S, A(S), B(A), C(A), E(C), F(C))

7回目の繰り返しでは節点D(A)を展開して，H(D)とI(D)を得ます。以下同様に探索を進めると，次のようにリストが変化します（図3.12）。

O(H(D), I(D))　　C(S, A(S), B(A), C(A), E(C), F(C), D(A))
O(J(H), K(H), I(D))　　　C(S, A(S), B(A), C(A), E(C), F(C), D(A), H(D))
O(N(J), G(J), K(H), I(D))　C(S, A(S), B(A), C(A), E(C), F(C), D(A), H(D), J(H))
O(G(J), K(H), I(D))　C(S, A(S), B(A), C(A), E(C), F(C), D(A), H(D), J(H), N(J))

図 3.12　縦型探索の探索過程

最後に，オープンリストの先頭要素が目標状態であるGとなり，探索を終了します。

章末問題

問題1

本文で紹介した「3枚のコインのパズル」を，ランダムに探索する手続きを示してください。また，その手続きを任意のプログラム言語でプログラムしてみてください。

問題2

「3枚のコインのパズル」は，コインの枚数を増やすことで拡張できます。例えば「5枚のコインのパズル」を，3枚の場合と同様に考えることができます。例えば，

| 表 | 裏 | 表 | 裏 | 表 |

という初期状態に対して，次のようにオペレータを適用することで目標状態を得ることができます。以下，オペレータを適用して裏返したコインを，下線で示します。

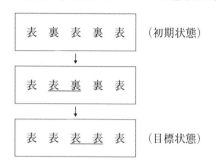

このパズルについて，横型探索を試みる場合の探索木の様子を示してください。また，縦型探索ではどうなるでしょうか。

問題3

　横型探索や縦型探索の手続きを，任意のプログラム言語でプログラムとして表現してください。本文で紹介したオープンリストとクローズドリストによる方法を用いると，両者のプログラムはほとんど同じ構成となります。

第4章　知的な探索技法

　本章では，より知的な探索手法として，より良い方向を優先して探索する最良
優先探索や，探索経路を最適化する最適経路探索，さらにそれらを組み合わせた
A*-アルゴリズムを扱います。また，特殊な探索手法としてゲーム木の探索につ
いて説明します。

4.1　より知的な探索方法

　横型探索や縦型探索は，探索空間の中を網羅的に探索するための手続きです。
いわば，端から順に取りこぼしなくすべての状態を探索していく手続きですから，
あまり効率は良くありません。また，目標状態が見つかったとしても，初期状態
から目標状態に至る過程が最適かどうかはわかりません。

　図4.1を例にこのことを考えてみましょう。図4.1のルート探索において，初
期状態である出発点から探索を始めてA地点に進むと，横型探索では東西南北

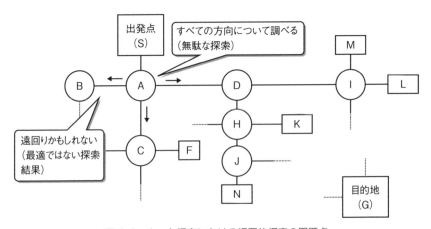

図4.1　ルート探索における網羅的探索の問題点

すべての方向についてとりあえず調べます。しかし，一般には，目標状態となる目的地と反対方向に進むルートまで初めから調べるのは，目的に至る過程としてはあまりありそうもない無駄な探索に思えます。この意味で，網羅的な探索は効率が良くありません。

　同様にルート探索において，例えば縦型探索で目的に至るルートが見つかっても，それが最短経路かどうかはわかりません。むしろ，遠回りをしているかもしれません。

　このことは，パズルの例で言えば，答えが見つかるまでの探索の手間がかかったり，探索で見つけた答えに至る手順が冗長であったりすることに対応します。

　こうした点を改善するには，問題についての知識を用いる必要があります。例えば無駄な探索を避けて探索効率を改善するためには，問題の条件を利用して，先に良さそうな方向に探索木を展開するようにすればよいでしょう。また，最適な探索結果を得るためには，探索の途中でそれまでの探索結果の評価値を計算し，良い結果を残していく工夫をします。

　以下，本節では，良さそうな方向を先に探す最良優先探索，探索経路を最適化する最適経路探索，そして両者を融合したA-アルゴリズムおよびA*-アルゴリズムを紹介していきます。

● 4.1.1　最良優先探索

　最良優先探索（best first search）は，探索対象となる与えられた問題についての知識を利用することで，より良い部分から探索を実施する探索手法です。

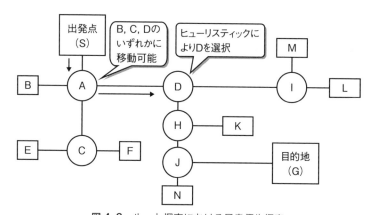

図4.2　ルート探索における最良優先探索

　ルート探索の例で最良優先探索の探索方法を見てみましょう。例えば今，図
4.2において出発点Ｓから交差点Ａに進んだ段階を考えます。Ａからは，B, C
およびＤの３方向に移動可能です。ここで最良優先探索では，より良い選択肢
を選び出す努力をします。B, C, Dのどちらに行けば最良かは，探索の途中では
もちろんわかっていません（わかっていれば，探索などする必要はありませんか
ら）。そこで，最良の選択を行う代わりに，どちらが良さそうかを何らかの方法
で評価することにします。このときに，B, C, Dの各選択肢に対して，例えば目
的地Ｇまでの直線距離で評価値を与えることにしましょう。今，各地点から目
的地Ｇまでの直線距離が次のようであったとします。

表4.1　目的地Ｇまでの直線距離（ヒューリスティック関数 h の値）

節点	A	B	C	D	E	F	H	I	J	K	L	M	N
目的地Ｇまでの直線距離	8	9	7	5	8	5	4	2	3	2	3	4	4

　すると，B, C, Dの中では，Ｄが最も目的地に近いので，最も良い評価値を得
ます。そこで，Ｄを優先して探索を進めます。
　ここで，目的地までの直線距離は，必ずしも最良の選択を与える評価尺度では
ないことに注意してください。例えば次にＤの先に進む際には，移動可能な節
点ＨとＩを比較すると，Ｉの方が直線距離が短くなります。そこで，Ｉを優先し
て探索を進めますが，実は正解はＨに進む経路です。これは，正解がわからな
い限りは仕方のないことです。
　以上の例のように，最良優先探索では，問題に依存した評価尺度を用いて評価
値を求めることで，探索の効率化を図ります。ここで用いる評価値を与える関数
h を，**ヒューリスティック関数**（heuristic function）と呼びます。ヒューリステ
ィック（heuristic）は，ギリシャ語の「見つける」という意味の言葉を語源とす
る単語です。
　それでは，最良優先探索の手続きを考えてみましょう。最良優先探索が力ずく
の探索と異なるのは，ヒューリスティック関数を用いてより良い節点を見つけ出
し，それらを先に展開する点にあります。そこで，オープンリストの節点にそれ
ぞれヒューリスティック関数による評価値を与え，評価値を基に探索順序を制御
することにします。この考え方で構成した最良優先探索の手続きを以下に示しま
す。

最良優先探索の手続き

初期化：オープンリストO()とクローズドリストC()を作成する。

　　　　　オープンリストに初期状態Sを格納し，O(S)とする。

探索の本体：以下の①から③を繰り返す。

①　オープンリストの先頭から節点を取り出す。オープンリストが空なら終了（目標状態が見つからなかった）。もしくは，この節点が目標状態なら探索終了（目標状態が見つかった）。

②　取り出した節点にオペレータを適用し，節点を展開する。

③　展開した結果得られた節点から，オープンリストまたはクローズドリストに重複のない節点を残し，オープンリストに追加する。その後，オープンリストを評価値 h の順に整列する。展開し終えた節点はクローズドリストの末尾に追加する。

最良優先探索の具体的な実行例については，章末問題の問題1を参照してください。

山登り法

　最良優先探索の手続きで，節点の展開のたびに最も良い節点1つだけを残し，残りを捨ててしまったらどうなるでしょうか。こうすると，最も良さそうな節点のみを順に調べることになり，生成される探索木は探索終了となる節点に向けて一直線に成長していきます。このような探索手法を**山登り法**（hill climbing）と呼びます。

　山登り法は単純な探索手法であり，オープンリストやクローズドリストによる探索順序の制御を全く必要としません。したがってプログラムはずっと簡単になります。しかし山登り法では，いったん間違った節点を展開してしまうと，二度と正解を得ることができなくなります。ですから，ルート探索に山登り法を用いるのはあまりふさわしくありません。山登り法は，正解でなくてもいいから次善の答えを素早く得たい場合に有利です。また，数値計算における関数の極大値探索のように，必ず行き止まりに答えが存在する場合には探索手法として有効です。

● 4.1.2　最適経路探索

最適経路探索（optimal search）は，例えばルート探索において最短経路を探すなど，探索経路を最適化するために用いられる探索方法です。最適経路探索で

は，探索の過程で得られた評価値vの途中経過を利用して経路を最適化します。最良優先探索と異なり，最適経路探索ではヒューリスティック関数hに頼る必要はありません。なぜなら，最適経路探索における評価値vには，既に探索が終わって評価の確定した値を用いるからです。

最適経路探索の考え方を，図4.3の例を用いて説明しましょう。図4.3は，迂回路がある場合のルート探索です。これまでのルート探索と異なり，図4.3では経路に複数の選択肢があります。

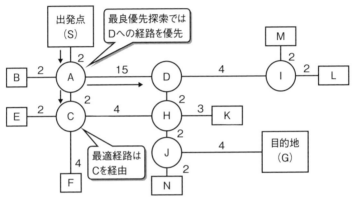

図4.3　迂回路がある場合のルート探索における最適経路探索
（経路上の数値は，節点間の距離）

図4.3で，各節点間の距離が図中の数字のように与えられたとします。経路に沿った距離の合計値を，最適経路探索の評価値vとして用いることにします。この条件で，最適経路，すなわち目的地までの最短経路を探索します。

目的地に至る途中で，経路の選択肢として，AからDを通ってHに至る経路と，同じくAからCを通ってHに至る経路の2通りがあります。このとき，AからDの経路がたまたま大回りで，距離が15となっています。このため，AからDを経由してHに至る経路では，A～H間の合計距離は17です。これに対して，AからCを通ってHに至る経路の距離は6にすぎません。したがって，最短経路という意味での最適経路は，Cを通る経路になります。しかし，もし最良優先探索で節点Dが優先された場合には，Cを通る経路は探索されず，Dを通る距離の長い経路が探索結果となってしまいます。

この問題を解決するために，最適経路探索では，探索途中の節点までの合計距離を評価値vとして用います。すなわち，節点の展開順序を制御するオープンリ

ストの中の節点の並び順を，評価値 v の値の順番とします。こうすると，例えば節点 A を展開して B, C および D の節点を得た際には，それぞれの評価値に従って，次に展開すべき節点を決めることができます。

$$B の評価値：S〜A〜B の距離 → 2+2=4$$
$$C の評価値：S〜A〜C の距離 → 2+2=4$$
$$D の評価値：A〜A〜D の距離 → 2+15=17$$

この計算の結果，D の展開は最後になり，先に B または C が展開されることになります。

以上の考え方に従って，最適経路探索の手続きを次のように作成します。

最適経路探索の手続き

初期化：オープンリスト O() とクローズドリスト C() を作成する。
　　　　オープンリストに初期状態 S を格納し，O(S) とする。

探索の本体：以下の①から③を繰り返す。

① オープンリストの先頭から節点を取り出す。オープンリストが空なら終了（目標状態が見つからなかった）。もしくは，この節点が目標状態なら探索終了（目標状態が見つかった）。

② 取り出した節点にオペレータを適用し，節点を展開する。

③ 展開した結果得られた節点から，オープンリストと重複のある節点については評価値 v の良いものを残して，オープンリストに追加する。その後，オープンリストを評価値順に整列する。展開し終えた節点はクローズドリストの末尾に追加する。

この手続きでは，それまでの合計距離を評価値 v として節点に付記します。手続き③では，評価値 v を用いて，より評価値の良い節点がオープンリストの先頭に来るようにオープンリストを構成しています。

最適経路探索は，**分枝限定法**あるいは**分岐限定法**（branch and bound method）とも呼ばれます。この名称は，最適経路探索の手続きにおいては，探索木上の評価の良くない枝は探索されないことに由来しています。一般に探索において，探索木の一部を探索対象から外す動作を**枝刈り**（pruning）と呼びます。最適経路探索や次に説明する A-アルゴリズムでは，枝刈りにより探索の効率を高

めています。

● 4.1.3　A-アルゴリズム，A*-アルゴリズム

　最良優先探索と最適経路探索は，評価の観点がそれぞれ異なるため，両者を融合することが可能です。つまり，最良優先探索で用いる評価値であるヒューリスティック関数hの返す値と，最適経路関数で用いる評価値vを加えて，両者の値からなる新たな評価値fを作ります。

$$f = h + v$$

　その上でfを用いて探索を制御します。fを用いた探索アルゴリズムを **A-アルゴリズム**（**A algorithm**）と呼びます。A-アルゴリズムによる探索手続きを以下に示します。

A-アルゴリズムの手続き

初期化：オープンリスト O() とクローズドリスト C() を作成する。
　　　　オープンリストに初期状態 S を格納し，O(S) とする。

探索の本体：以下の①から③を繰り返す。

①　オープンリストの先頭から節点を取り出す。オープンリストが空なら終了（目標状態が見つからなかった）。もしくは，この節点が目標状態なら探索終了（目標状態が見つかった）。

②　取り出した節点にオペレータを適用し，節点を展開する。

③　展開した結果得られた節点から，オープンリストと重複のある節点については評価値fの良いものを残して，オープンリストに追加する。その後，オープンリストを評価値順に整列する。展開し終えた節点はクローズドリストの末尾に追加する。この際，クローズドリストに追加した節点より評価の悪い節点があれば，これを削除する。

　A-アルゴリズムにおいて，ヒューリスティック関数hが，真の値と比較して同じかそれよりも良い評価値を与えるならば，A-アルゴリズムは最適経路を見つけることができます。この条件が満たされている場合を，特に **A*-アルゴリズム**（**A* algorithm**）と呼びます。これまでの例で示したようにルート探索で直線距離をヒューリスティック関数の値として用いる場合にはこの条件を満たすの

で，この場合の探索アルゴリズムは A*-アルゴリズムとなります。

4.2 特殊な探索手法

本章の最後に，ゲームの探索に特化した特殊な探索手法について取り上げましょう。ここで扱う手法は，チェスや将棋，あるいは囲碁といった，偶然の入り込む余地のない知的なゲームの解析に用いることができます。

● 4.2.1 ゲームの探索

将棋や囲碁などのゲームを探索により扱うことを考えます。こうしたゲームには，次のような特徴があります。

- ・ゲームの状態は，盤面上にすべて表されている。
- ・盤面の操作方法，つまりオペレータが定義されている。
- ・2 人で交互にオペレータを適用し，状態を遷移させる。
- ・目標状態，つまりどのような状態を勝ちとするかがあらかじめ決まっている。

こう考えると，チェスや将棋，あるいは囲碁などのゲーム進行過程は，図 4.4 のような探索木で表すことができます。図で，探索木の根にあたるのはゲーム開始時の盤面です。これに対して，先手がオペレータを適用します。これは，チェスや将棋でいえばルールに従って自分のコマを動かすことであり，囲碁でいえば自分の石を盤上に置くことにあたります。プレーヤーによるオペレータの適用を，以下では着手と呼ぶことにします。

先手の着手が終わったら，後手が着手します。このとき，先手と後手では目標が異なっていることに注意してください。各プレーヤーは自分が有利になるように着手しますが，これは裏を返せば相手が不利になるように着手することになります。したがって，探索木の各レベルでは，枝の選択基準が 180 度異なることになります。

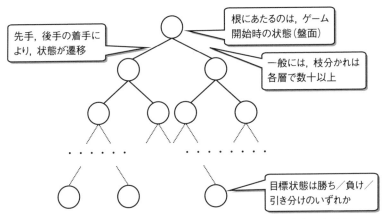

先手，後手の着手に
より，状態が遷移

根にあたるのは，ゲーム
開始時の状態（盤面）

一般には，枝分かれは
各層で数十以上

目標状態は勝ち／負け／
引き分けのいずれか

図4.4　チェスや将棋，あるいは囲碁のゲーム進行過程を探索木で表現する

　このようにして探索木を成長させると，最後に目標状態となる節点が現れます。目標状態は，先手の勝ちか後手の勝ちか，あるいはゲームによっては引き分けかのいずれかになります。すべての目標状態に至る過程を探索し終えれば，そのゲームが完全に解析できたことになります。完全な解析結果が得られれば，そのゲームの結果は，先手必勝か後手必勝か，あるいは必ず引き分けかのいずれかであることがわかってしまいます。したがって，あらかじめわかっている必勝手順（あるいは必敗手順，もしくは引き分け手順）に沿って互いに着手することで，決まりきった目標状態に向けてゲームが進むというつまらない事態に陥ります。

　幸い（あるいは残念なことに），チェスや将棋，あるいは囲碁などある程度複雑なゲームでは，探索木の枝分かれが多いうえに着手の回数も多いので，計算の量と必要なメモリの量の両方の条件から，探索木全体を生成するのは不可能です。言い換えれば，探索空間があまりに膨大なので，将棋や囲碁の完全な解析は今のところ不可能です。

　次に，もう少し具体的な例でゲームの探索木の性質について考えましょう。将棋や囲碁では探索木を1段書くだけでも大変ですから，ここでは次のような簡単なゲームを考えます。

山崩しゲーム（ニムゲーム）

　何個かのおはじきを，いくつかの山に分けます。2人のプレーヤーがいずれかの山から適当な個数ずつおはじきを取ります。交互におはじきを取り，最後におはじきを取ってすべてのおはじきをなくした方が勝ちになるゲームです。

　山崩しゲームの簡単な例として，2つの山に，それぞれ1枚と3枚のおはじきが置いてある場合を考えます（図4.5）。

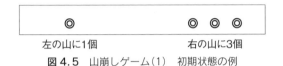

左の山に1個　　　　　　右の山に3個
図4.5　山崩しゲーム（1）　初期状態の例

　この初期状態について例えば先手が右の山から1個おはじきを取り，続いて後手はさらに右から1個おはじきを取ったとします。すると図4.6のようになります。この状態からは，ルールに従って，先手はいずれかの山からおはじきを1個取るしかありません。すると最後に1枚が残り，後手が取って後手の勝ちとなります。

左の山に1個　　　　　　右の山に1個
図4.6　山崩しゲーム（2）　先手はいずれかの山からおはじきを1個取ることしかできず，次に後手が残りのおはじきを取って先手が負ける

　図4.5で，先手が右の山から2個おはじきを取るとどうなるでしょうか。この場合，後手番の状態は図4.6と同じになります。すると今度は後手がいずれかのおはじきを取らざるを得ず，次の手番で先手が最後の1枚のおはじきを取って，先手の勝ちとなります。

　図4.5を初期状態として，探索木を作ってみましょう。図4.7に探索木を示します。図4.7では，おはじきの山の状態を2つの数字で表しています。例えば初期状態では，

と書くことで，おはじきが1個の山と3個の山があることを表しています。以下本文では，この節点を(1 3)と表現することにします。

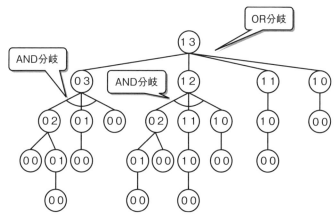

図4.7　図4.5に対応する探索木

図4.7では，先手番と後手番では枝の意味が異なっています。初期状態から次の状態に遷移する際，先手は自分の好きなように遷移先を選ぶことができます。これは，これまでの探索木の場合と同じです。これに対して後手番の着手選択は，先手からすれば勝手に選ぶことはできません。そこで探索を行う際に，先手の立場からすると，先手番にあたる選択は任意ですが，後手番にあたる選択は選択肢のすべてについて対応方法を考えておく必要があります。

このことを明示するために，図4.7では探索木を **AND-OR 木**（AND-OR tree）によって表現しています。AND-OR 木では，いずれの選択も任意である先手番の分岐は，一般の探索木同様，普通に描きます。これを **OR 分岐**（OR branch）と呼びます。これに対して，すべての分岐を考慮する必要のある後手番の分岐には，分岐に弧を描くことで区別します。この分岐を **AND 分岐**（AND branch）と呼びます。図では，後手番で(0 3)や(1 2)の節点を展開する部分などを，AND 分岐で表現しています。このように，将棋や囲碁などのゲームの探索木である**ゲーム木**（game tree）は，AND-OR 木として表現されます。

● **4.2.2　ミニマックス探索と α-β 法**

それでは次に，ゲーム木を解析する方法について考えましょう。具体的には，ゲーム木を用いてゲームの必勝手順を見つける方法を考えます。

　まず，図4.7のゲーム木で，先手が勝つ状態に対応する葉節点に得点1を記入します。これは，後手番で状態が(0 0)となっている節点に対応します。また，先手が負ける状態には得点0を与えます。次にその得点を根に向けて枝に沿って伝えていきます。このとき，AND分岐ではすべての枝が1のときのみ上位に1を伝え，OR分岐ではいずれか1つでも1のときに上位に1を伝えます。このような探索を**ミニマックス探索**（minimax）と呼びます。

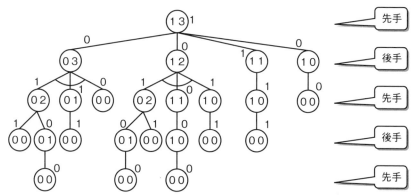

図4.8 AND-OR木に対するミニマックス探索

　例えば図4.8で，左側の部分木を見てみましょう。すると，図4.9のように，枝の値が節点を伝わって上位に伝えられます。左下のOR分岐では，2つの枝の値がそれぞれ0と1なので，上位に最大値1を伝えます。またその上のAND分

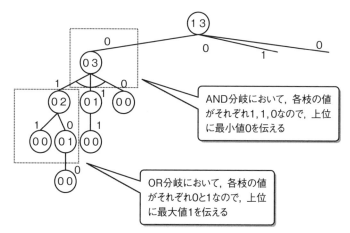

図4.9 図4.8から左の部分を取り出した部分木

岐では，3つの枝の値が1，1，および0なので，最小値の0が上位に伝えられます。

　以上の操作を根節点まで行うと，図のように，根における値は1となります。これは，先手に必勝手順が存在することを示しています。その手順は，得点1を与える枝を順に下っていくもので，具体的には次の手順です。

$$(1\ 3) \rightarrow (1\ 1) \rightarrow (1\ 0) \rightarrow (0\ 0)$$

これ以外の手順では，後手が正しく応手する限り，先手は勝つことができません。逆に，この手順で進めば，先手必勝となります。

　図4.8では勝敗が決まるまで探索を行いましたから，得点は勝ち負けを表す1と0しかありませんでした。将棋や囲碁では探索空間が広すぎて，勝敗が決まるまで探索を行うことはできませんから，勝負の決まっていない途中の段階までしか探索を進めることができません。そこで，途中段階での盤面の状態に対してヒューリスティック関数を用いて得点を与え，この得点を用いてミニマックス探索を実施します。この場合には，節点の評価値は0と1ではなく，複数の値を持つ多値となります。そこで，AND分岐では最小値（つまりmini）を上位節点に伝え，OR分岐では最大値（max）を上位節点に伝えることにします。これで，0と1の場合と同様にミニマックス探索を実施することができます。

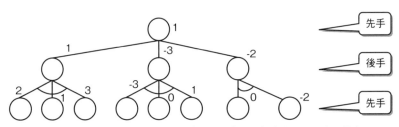

図4.10　ヒューリスティック関数による盤面評価とミニマックス探索

　例えば図4.10では，最初の着手で左側の枝を選択することが先手にとって最も有利であることがわかります。これは，最上位のOR分岐における各枝の値が，それぞれ1，-3，-2であり，これらのうちの最大値である1が最上位節点における値であることからわかります。ちなみに，これらの枝の値はそれぞれ後手番の節点から伝わってきたものであり，それぞれの値はAND分岐における最小値の選択によって決められています。例えば左の節点では，その下の枝の値である2，1，3のうちから，最小値1が選ばれています。他の節点でも同様に最小値が選ばれています。

　ミニマックス探索を実装する際には，枝刈りによる探索効率の向上を図る手法である α-β 法（alpha-beta pruning）というアルゴリズムが用いられます。α-β 法では，ミニマックス探索で実施される無駄な探索を抑制することで枝刈りを行い，探索の効率を向上させています。

コラム

人間 vs. 人工知能

　チェスやチェッカーなどのボードゲームを賢くプレイすることは，欧米では古くから知性の象徴として捉えられていました。このことから，人工知能研究では，初期の時代からゲームの研究が盛んでした。第 2 章で述べたように，チェスについては，1997 年に IBM の Deep Blue が人間を打ち破っています。チェスよりも状態空間の広い将棋についても，既に 2013 年には将棋電王戦において，人間のトップ 10 位以内に位置する A 級のプロ棋士がコンピュータに敗れています。囲碁は将棋よりもさらに状態数が多く，探索による問題解決が困難なゲームです。しかし現在，第 2 章で述べた Alpha Go をはじめとする囲碁の AI プレーヤーは，人間のトッププロ棋士を下す実力を有しています。これは，現在の AI 将棋プレーヤーでも同様です。

　どうやらこうしたゲームでは，人間はコンピュータに敵いそうもありません。でも，探索によって解ける問題であるチェスや将棋は，本当に「知性」の象徴なのでしょうか？

章末問題

問題 1

　最良優先探索の手続きにより，図 4.2 のルート探索の問題を解いてください。また，オープンリストとクローズドリストの変化を示すことで，探索の過程を示してください。

問題 2

　最適経路探索および A-アルゴリズムの手続きを，任意のプログラム言語でプログラムとして表現してください。

問題 3

　参考文献を調査することで，α-β 法のアルゴリズムを，任意のプログラム言語を用いて実装してください。

第5章　知識の表現

　本章では，推論や学習などの基礎となるデータ構造である知識表現の方法について説明します。特に，意味ネットワークやフレーム，プロダクションルール，それに述語による意味表現を紹介します。

5.1　知識の表現と利用

　私たちは学習によって知識を得て，獲得した知識を用いて推論などの知的作業を行います。それでは，知識とはいったい何なのでしょうか。あるいは知識を使った推論とは何を行うことなのでしょうか。

　みなさんは知識をたくさん持っているはずですが，では，いくつ知識を持っているかと聞かれたり，具体的な知識の例をいくつか示せと言われても困るかもしれません。このように，実は知識を一般的に定義することは困難です。

　これに対して，人工知能の分野では，「知識」というものを，「人工知能研究で対象とする知的行動で用いるための，プログラムで利用可能なデータ構造」であると考えます。つまり，推論や学習で用いるための基礎となるデータの集まりを知識と考えます。そして，知識をプログラムで用いるための表現方法が**知識表現**（knowledge representation）です（図 5.1）。

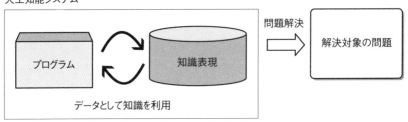

図 5.1　人工知能における知識表現

　知識表現の方法には，人工知能で実現する知的行動の種類によって，さまざまな形式が提案されています。以下では，比較的一般的な知識表現の方法として，意味ネットワーク，フレーム，プロダクションルール，および述語による方法について説明します。

5.2　意味ネットワークとフレーム

● 5.2.1　意味ネットワーク

　知識を用いて推論などの知的行動を行おうとすると，概念同士の関係を表現することが必要になります。概念同士の関係を明示するための知識表現の方法に，意味ネットワークやフレームがあります。

　意味ネットワーク（semantic network）は，概念同士の関係を，その結びつきの関係によって表現した知識表現の方法です。図5.2に意味ネットワークの例を示します。

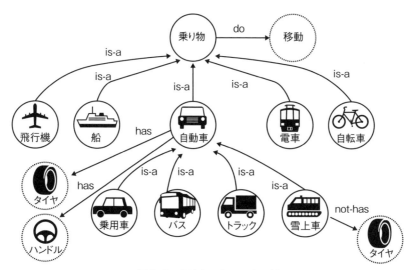

図5.2　意味ネットワークの例

　図5.2で，**節点**（node）となる丸印で囲んだ言葉が，ある概念を表しています。節点同士の関係は**リンク**（link，枝）で表されています。このように意味ネ

ットワークは，木構造やグラフ構造によって表現された知識表現の方法です。

　図5.2では，乗り物に関する知識を，木構造の意味ネットワークによって表現しています。図で，木の葉にあたる節点には，具体的な乗り物の種類が書き込んであります。この節点に，is-a というリンクが付いており，その先は，より上位の概念にあたる節点につながっています。例えば，節点「乗用車」は，上位概念である「自動車」と is-a リンクでつながっています。意味ネットワークでは，is-a リンクに代表されるリンクによって，概念の関係を示します。乗用車の上位概念である自動車はさらに is-a リンクによって乗り物という上位概念に結びついています。このような表現を用いると，例えば，次のような知識が表現できたことになります。

　　「自動車には乗用車やバス，トラックなどの例があります」
　　「雪上車は自動車です」
　　「自動車や飛行機，船，電車，それに自転車は乗り物です」

　あるいは，is-a リンクを用いると，次のような質問に答えることができるようになります。

　　「乗用車は自動車ですか？」
　　「乗用車は乗り物ですか？」

　この質問に答えるための探索手法である**推論**（inference, reasoning）の技術については，次章であらためて扱うことにします。

　図5.2には is-a リンク以外のリンクも記述されています。例えば自動車の節点には，2つの **has リンク**が接続されています。has リンクは，ある概念の有する性質や付属物などを記述するために用います。図では，自動車とタイヤが has リンクで結ばれています。これは，「自動車にはタイヤがついています」という知識を表します。同様に，ハンドルという節点と自動車の節点が has リンクにより接続されていることから，「自動車にはハンドルがあります」という知識が表されます。同様に，ハンドルの節点と接続されていることから，「自動車にはハンドルがあります」という知識が表されます。

　リンクの他の例として，図5.2における最上位の概念である乗り物には，**do リンク**が接続されています。do リンクは，その概念が行う行為や動作を表します。ここでは，「乗り物は移動の手段です」という知識を表現しています。

　ところで，図5.2では，is-a リンクにより，乗用車もバスもトラックも自動車であることが示されています。この場合，上位概念が持っている性質は下位の概念にも引き継がれます。上位概念である自動車は，has リンクによりタイヤやハンドルを持っていることが示されていますから，下位概念である乗用車やバス，トラックなどにもハンドルがあることがわかります。さらに，自動車の上位概念である乗り物の性質から，乗用車やバス，トラックなどは移動の手段であることもわかります。このように，上位概念の持つ性質が下位概念に引き継がれる仕組みを**継承**（inheritance）と呼びます（図5.3）。

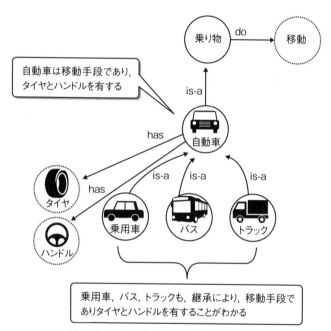

図5.3　継承によって性質が引き継がれる

　継承をうまく用いると，意味ネットワークの構造が簡潔になり，見通しが良く扱いやすい知識の表現が可能です。

　継承だけではうまく表すことのできない知識もあります。例えば上位概念にはある性質があっても，下位概念ではその性質がない場合もあります。図5.2では，こうした知識を扱う方法も示しています。図5.2で示した雪上車と自動車の関係において，自動車にはタイヤがあると has リンクによって示されているにもかかわらず，雪上車は自動車なのにタイヤがありません。このような例外的な性質

を表現するために，図では not-has リンクを利用しています。この部分を図5.4に示します。図5.4にあるように，雪上車は自動車の性質を継承しますが，not-has リンクを用いることで，タイヤについその性質を引き継がないことを示しています。

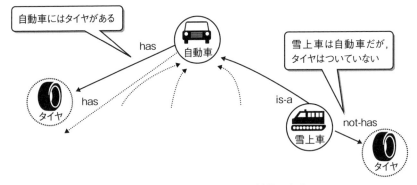

図5.4 not-has リンクによる性質の表現
（雪上車は自動車なのにタイヤがない）

● 5.2.2　フレーム

　意味ネットワークと似た知識表現の形式に，**フレーム**（frame）があります。フレームは，意味ネットワークの節点に内部構造を設けたような形式の知識表現方法です。表5.1に，フレームの表現例を示します。表5.1のフレームは，電車に関する知識を記述したフレームです。フレームによる知識表現では，ある1つの概念に対応して1つのフレームを用意します。

　フレームには，概念を表現するラベルであるフレーム名と，フレームの性質などを記述するためのスロットと呼ばれる記述場所が存在します。通常，スロットは複数あります。またスロットには，値や他のフレームへのリンクを書き込めるほか，フレームの置かれた状況に従ってある動作を行うための手続きを書き込むこともできます。

　表5.1の例では，概念のラベルとなるフレーム名として「電車」と記述しています。スロットは4つあります。最初のスロットであるスロット1には，is-a リンクが格納されています。この is-a リンクは，上位概念である「乗り物」フレームを指示しています。is-a リンクを用いることで，意味ネットワークの場合と同様に継承の仕組みを利用することができます。

スロット2からスロット4には，電車の性質が記述されています。電車がそなえる部分品を記述しており，それぞれ，車輪，電動機，運転席を値として持っています。このように，スロットにはリンクや値を書き込むことができます。また，スロットに手続きを書き込むことで，例えば新しくフレームが生成された際に**デフォルト値**（default value，初期値）を設定する，などの動作を行わせることもできます。

表5.1　フレームの例（電車フレーム）

フレーム名	電車
スロット1	is-a　乗り物
スロット2	has　車輪
スロット3	has　電動機
スロット4	has　運転席

フレームは強力な知識表現手法ですが，記述能力が高いことに伴って，その利用方法も複雑になりがちです。例えばスロットに手続きを書き込んで条件に従ってスロット値を書き換えるような処理を行うと，手続き同士が複雑に関連し合い，ある状況でどのような結果が生じるかわからなくなってしまいます。

5.3　プロダクションルール

意味ネットワークやフレームは，概念的には，意味構造を図で表す表現形式です。これに対して**プロダクションルール**（production rule）は，記号列で意味構造を表す表現形式です。

プロダクションルールは，次のような形式の知識表現です。

if（前件）　　then（後件）

上記において，**前件**（antecedent）とは前提となる条件を意味します。また**後件**（consequent）は，結論や結果となる記述です。したがってプロダクションルールは，「もし前件が成り立てば後件である」ということを意味しています。

例えば，プロダクションルールによって次のように知識を表現することができます。

> if(乗り物，タイヤがある，ハンドルがある)　then(自動車) ………①
>
> if(自動車，少人数が乗る)　then(乗用車) ……………………………②
>
> if(自動車，大勢乗れる)　then(バス) ………………………………③
>
> if(自動車，貨物を運搬する)　then(トラック) ……………………④

　上記で①は，「乗り物であって，タイヤがあり，ハンドルがあるものは自動車である」という知識を表現しています。同様に②では「自動車であって少人数が乗るものは乗用車である」という知識を表現しています。これらは，特徴による物事の分類に関する知識を表しています。

　プロダクションルールを用いると，原因と結果に関する知識も表現できます。例えば，次のようなルールを考えます。

> if(アクセルを踏む)　then(加速する) …………………………………⑤
>
> if(フットブレーキを踏む)　then(減速する) ……………………………⑥
>
> if(パーキングブレーキをかける)　then(停止する) ………………⑦
>
> if(ハンドルを右に切る)　then(タイヤが右を向く) ………………⑧
>
> if(タイヤが右を向く)　then(進行方向が右向きになる) ……………⑨

　このようなルールでは，例えば，アクセルを踏むと加速する，あるいはフットブレーキを踏むと減速するといった，原因と結果に関する知識を表現しています（⑤，⑥）。また，ハンドルを右に切るとどうなるかという質問に対する答えを得ることもできます。つまり，ハンドルを右に切ると，ルール⑧によってタイヤが右を向き，次にルール⑨によってタイヤが右を向けば進行方向が右向きになることがわかります。このように，前件に状態が一致することを，ルールが**発火 (fire)** するといいます。

　プロダクションルールでは，判断に関する知識を記述することもできます。次の⑩や⑪は，判断を記述した例です。

> if(車間が狭まる)　then(フットブレーキを踏む) ……………………⑩
>
> if(駐車する)　then(パーキングブレーキをかける) …………………⑪

　ルール⑩では，自動車の走行中に前の車両との車間距離が狭まったら，フット

ブレーキを踏むべきであるという知識を表しています。ちなみに，フットブレーキを踏むとどうなるかは，前のルール⑥によって減速することがわかります。ルール⑪は駐車するときの手続きの１つを表しており，駐車する場合にはパーキングブレーキを掛けるべきであると表明しています。この場合も，前のルール⑦を適用すると，その結果として自動車が停止することがわかります。

5.4　述語による知識表現

コンピュータは**論理**（logic）に従って動作します。そこで，論理学における**述語**（predicate）の概念を知識表現に用いると，コンピュータで容易に処理することが可能です。ここでは，述語の概念を応用した知識表現の方法を紹介します。

述語とは，引数を与えると真偽を決定できる関数のようなものです。例えば，次のような表現を考えます。

$$\mathrm{machine}(X)$$
$$\mathrm{man}(Y)$$

ここで，machine は１つの引数を持った述語であり，ここでは，引数 X が機械であるかどうかを与えます。引数 X は変数であり，具体的な値を与えることで述語の値が決定されます。例えば，もし引数 X に "コンピュータ" が与えられると，コンピュータは機械ですから，machine（コンピュータ）の値は真となります。真偽の値をそれぞれ T および F で表すと，

$$\mathrm{machine}（コンピュータ）= \mathrm{T}$$

と表現できます。同様に，例えば引数 X に "太郎" という人の名前を与えると，

$$\mathrm{machine}（太郎）= \mathrm{F}$$

と表現できます。

次の例で，述語 man は引数を１つ持ち，引数 Y が人間であるかどうかを返します。述語 man を用いると，次のような結果を得ます。

man(コンピュータ) = F
man(太郎) = T

　述語に 2 つ以上の引数を与えることもできます。例えば，引数を 2 つ取る述語は，次のように記述します。

mother(X, Y)
brother(X, Y)

　述語 mother は，X が Y の母親であることを表します。述語 brother は，X が Y の兄弟であることを表します。
　さらに，次の例のように，2 つより多くの引数を取る述語も作れます。

parents(X, Y, Z)

　上記の 3 つの引数を持つ述語 parents は，X の両親が Y と Z であることを表します。
　プロダクションルールのような形式で，述語を用いてルールを表現することもできます。例えば次の記法では，「:-」という記号を，プロダクションルールのif という記号と同じように用いています。

parents(X, Y, Z) :-father(Y, X), mother(Z, X)

　この記述では，プロダクションルールの前件にあたる部分が

father(Y, X), mother(Z, X)

であり，後件にあたるのが

parents(X, Y, Z)

です。したがってこの記述全体では，もし Y が X の父親で，Z が X の母親ならば，X の両親は Y と Z であるという知識を表しています。
　述語を使って知識を表現すると，述語論理の枠組みに従って知識の検索や推論を行うことができます。例えば，図 5.5 のような一連の知識が与えられたとします。

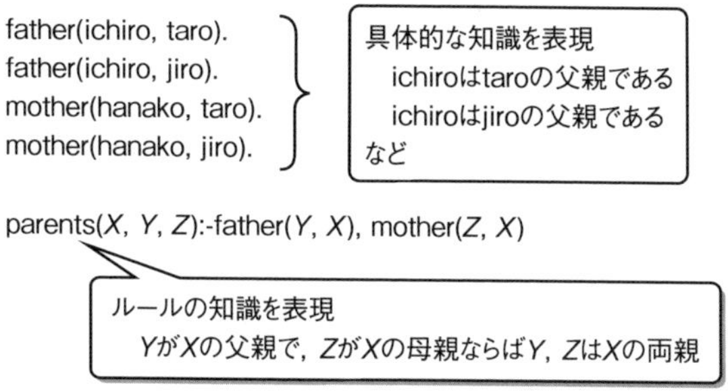

```
father(ichiro, taro).
father(ichiro, jiro).
mother(hanako, taro).
mother(hanako, jiro).
```

具体的な知識を表現
　ichiroはtaroの父親である
　ichiroはjiroの父親である
など

parents(X, Y, Z):-father(Y, X), mother(Z, X)

ルールの知識を表現
　YがXの父親で，ZがXの母親ならばY, ZはXの両親

図5.5　述語を用いた知識表現の例

　ここで，最初の4行は具体的な知識を表現しています。また5行目は先に示したルール形式の表現となっています。5行目に含まれる X, Y, Z は変数で，全体として「Y が X の父親で，Z が X の母親ならば Y, Z は X の両親である」というルールによる知識を表現しています。なお図5.5では，各行が独立した表現を与えていることを明示するため，行末にピリオドを付けています。

　上記の知識を用いると次のような問い合わせに答えることができます。

　　father(ichiro, X).

　この問い合わせは，「ichiro を父親とするのは変数 X である」という意味です。つまり，ichiro の子供 X は誰ですか，という問い合わせです。これに対して，先の知識を参照すると，

　　X = taro
　　X = jiro

という2つの答えが見つかります。

　同様に，次のような問い合わせも可能です。

　　parents(taro, Y, Z).

　上記は，「taro の両親は Y と Z です」という表現であり，taro の両親を問い合わせていることになります。これに対する答えは，

　　Y = ichiro,
　　Z = hanako

となります。さらに，次のような問い合わせに対しても答えを得ることが可能です。

parents (X, Y, Z).

上記の例では，述語 parents の引数として3つの変数 X，Y および Z を与えています。こうすることにより，図5.5で与えられた知識の中から，両親と子供の関係にあるすべての組み合わせを探し出すことができます。この問い合わせに対する答えは次のようになります。

$X =$ taro,

$Y =$ ichiro,

$Z =$ hanako

$X =$ jiro,

$Y =$ ichiro,

$Z =$ hanako

以上のような処理は，論理学における処理手続きをコンピュータに組み込むことで自動的に行うことが可能です。推論の具体的な仕組みについては，次章で説明することにします。

章末問題

問題1

図5.6の意味ネットワークを用いて，飛行機に関する知識を記述してください。また，船に関する知識を記述してください。

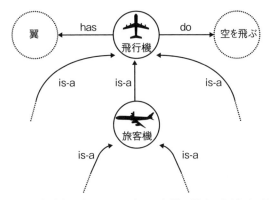

図 5.6　意味ネットワークによる飛行機に関する記述（一部）

問題 2

プロダクションルールを用いて，生物に関する次のような知識を記述してください。
① 空を飛び，羽毛があり，たまごを生むのは鳥である
② 水面を泳ぐ鳥は水鳥である
③ 黒い鳥はカラスである
④ 白い鳥はシラサギである
⑤ 白い水鳥はハクチョウである

また，同様にして，適当な動物について，その特徴や分類に関する知識をプロダクションルールを用いて記述してください。

問題 3

積み木をテーブルの上に積み重ねます。このとき，次のような述語を定義します。
　$\mathrm{on}(X, Y)$　　　X は Y の上にある
　$\mathrm{ontable}(X)$　　X はテーブルの上にある
たとえば，以下の図のようにテーブル上に 2 つの積み木 a, b を配置したとします。

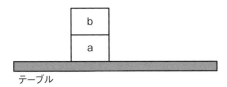

図 5.7　積み木の配置（1）

この場合，テーブル上の様子は次のように述語で表現されます。

　ontable(a)

　on(b, a)

このとき，下記の図5.8の(2)と(3)を表現する述語表現を記述してください。

(2)

(3)

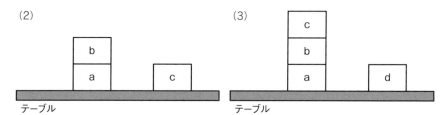

図5.8　積み木の配置 (2)，(3)

第6章　推論

　本章では，知識表現の技術を使って推論を行う方法を紹介します。また推論の応用技術として，コンピュータが専門家の知識を用いて推論を実行するエキスパートシステムについても説明します。

6.1　推論の手法

　推論（inference, reasoning）とは，与えられた知識や既存の知識を利用して，新たな知識を得る仕組みのことをいいます。前章ではさまざまな知識表現の方法を紹介しました。知識表現を用いて事実やルールなどを表現し，これらの与えられた知識から新たな知識を得る仕組みが推論です（図6.1）。推論は，知識表現の技術を密接に関係するほか，後の章で取り上げる**学習**（learning）や**自然言語処理**（natural language processing）とも直接関係する技術です。

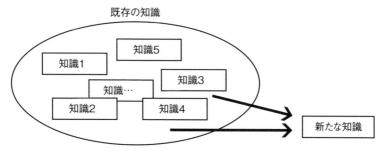

図6.1　推論　既存の知識から新たな知識を得る方法

● 6.1.1　意味ネットワークを用いた推論

　はじめに，意味ネットワークを用いた推論について説明します。前章の図5.2では，is-a リンクや has リンクなどを用いて乗り物に関する知識を記述しました。この意味ネットワークを用いると，意味ネットワークには直接記述されていない

知識も得ることができます。つまり，意味ネットワークを用いると推論を行うことが可能です。

　例として，図6.2には直接の記述がない「乗用車は乗り物ですか」という質問に答えることを考えます。図6.2に，この質問に関係する部分の意味ネットワークを示します。

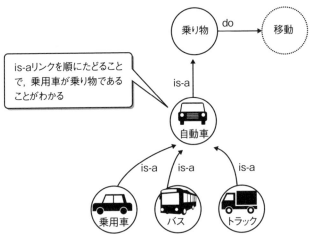

図6.2　意味ネットワークを用いた推論　is-a リンクの連鎖

　はじめに，乗用車ノードを探します。次に，乗用車の上位概念を調べるために，乗用車から上位に向かう is-a ノードを調べます。すると，自動車が乗用車の上位概念であることがわかります。これを繰り返すと，自動車の上位概念が乗り物であることもわかります。以上より，is-a リンクの連鎖を調べることで，概念の上下関係を用いた関連性を調べることが可能です。

　意味ネットワークの継承の仕組みを用いると，性質に関する推論も可能です。図6.2で乗用車が乗り物であることが推論により明らかになると，継承により，乗り物の性質が乗用車に引き継がれます。したがって新しく，「乗用車は移動手段である」という知識を得ることができます。

　ところで，図6.2の範囲に知識を限定した上で，図6.2からは推論することのできない質問にはどう答えればよいでしょうか。例えば，「乗用車にはエンジンがありますか」といった質問に答えることを考えます。図6.3にこの場合の推論過程を示します。

　この質問に答えるために，先ほどと同じ過程を行うと，乗用車が自動車であり，

乗り物でもあることがわかります。すると，乗り物の持つ性質である「移動手段である」ことや，自動車が持っているタイヤとハンドルを乗用車も有することはわかります。しかし，エンジンについては記述がありませんから，推論によって新しい知識を得ることができません。

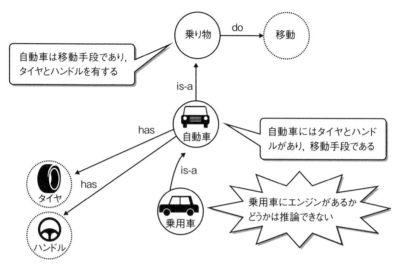

図 6.3 推論により答えを得ることができない場合の例

　この場合，質問に対する答え方は 2 通り考えられます。1 つは，「わからない」と答える方法で，もう 1 つは「自動車にはエンジンはない」と答える方法です。これらは，質問に対する返答方法についての立場が異なるために，異なる答えとなっているのです。前者の立場を**開世界仮説**（open world assumption）と呼び，後者の立場を**閉世界仮説**（closed world assumption）と呼びます。

　開世界仮説では，与えられた知識は世界中の知識の一部にすぎず，与えられた知識の外にも知識の領域が広がっていると考えます。このため，与えられた質問が，知識に含まれる事実や推論により得られる知識によって答えられる範囲を超えたら，「わからない」と答えます。

　これに対して閉世界仮説では，質問に答えるための知識は自分の持っている知識がすべてだと考えます。そこで，自分の持っている知識や推論により得られる知識に答えが含まれないと，「そのようなことはない」と答えます。

　開世界仮説と閉世界仮説は，どちらが正しいといった類のものではありません。知識表現や推論の技術を適用する対象領域ごとに，適当な仮説を採用すればよい

のです。

● 6.1.2　プロダクションルールによる推論

　プロダクションルールは，推論に向いた知識表現形式です。以下では，プロダクションルールを用いて推論を行う例を示します。

　まず，プロダクションルールに基づく知識表現として，下記の①から⑥が与えられたとしましょう。

　　if(乗り物，タイヤがある，ハンドルがある)　then(自動車) ………①
　　if(自動車，少人数が乗る)　then(乗用車) ……………………………②
　　if(自動車，大勢乗れる)　then(バス) ……………………………………③
　　if(自動車，貨物を運搬する)　then(トラック) ………………………④
　　if(乗り物，翼がある)　then(飛行機) …………………………………⑤
　　if(飛行機，客席がある)　then(旅客機) ………………………………⑥

　これらの知識を使って，①から⑥には直接書かれていない知識に関する質問に答えることを考えます。

　例えば，次のような質問を考えましょう。

　　「タイヤがあり，ハンドルがある乗り物で，大勢乗れるのは何ですか」

　この質問は，次のように分解することができます。

　　A　タイヤがある
　　B　ハンドルがある
　　C　乗り物である
　　D　大勢乗れる

　この質問から，与えられた知識に合致する部分を取り出します。すると，最初の部分にある A〜C の条件がルールの①に合致し，ルール①が発火します。このことから，質問文の前半は自動車のことを言っていることがわかります。

　さて，ルール①が発火したことから，条件 A〜条件 C を「自動車である」という条件に書き換えます。これを条件 E とします。すると，新たに「自動車であり，大勢乗れるのは何ですか」という質問が構成されます（図6.4）。

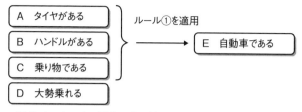

図6.4 ルールの発火による推論過程（1）ルール①を適用

　図6.4が得られると，今度は，条件Dと条件Eが，ルール③を発火させます（図6.5）。

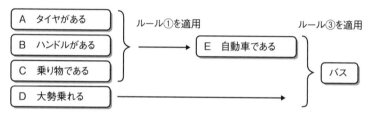

図6.5 ルールの発火による推論過程（2）ルール③を適用

　以上により，質問の答えはバスであることがわかります。

　以上の推論過程では，質問として与えられた条件を前件と合致させ，得られた後件をさらに別のルールの前件とマッチさせることで結論を導きました。このように，前件から後件へと推論を進める方法を**前向き推論**（forward reasoning）と呼びます。

　同じルール集合を用いて，今度は次のような質問に答えることを考えます。

　「旅客機は，乗り物であり，客席と翼がありますか」

　この質問には，次のような記述が含まれています。

　　A　旅客機である
　　B　乗り物である
　　C　客席がある
　　D　翼がある

　上記のうち，Aは前提条件です。また，B〜Dは前提条件から導かれるべき結論です。そこで，Aの前提条件から調べます。すると，上記Aの旅客機である

という記述は，ルール⑥の後件と合致します。そこで今度は，後件から前件に向けてルールの連鎖を調べ，すべての条件が満足されるかどうかを調べます。

ルール⑥を逆向きに適用することにより，図6.6に示すような条件が推論により求められます。

図6.6 ルールの逆向きの適用（1） ルール⑥の適用

これで，最初に与えられた「C 客席がある」が導かれました。さらに，新たに与えられた記述である「E 飛行機である」にルールを適用します。すると，Eはルール⑤の後件と合致します。そこで，同様にして図6.7のように推論が進みます。

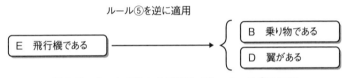

図6.7 ルールの逆向きの適用（2） ルール⑤の適用

今度は，「B 乗り物である」と，「D 翼がある」が得られました。以上で，最初に質問には「はい，旅客機は乗り物であり客席と翼があります」と答えることができます。

以上の過程は，与えられた知識を用いてルールを逆向きに適用することで結論を得ました。このような推論を**後ろ向き推論**（backward reasoning）と呼びます。

● 6.1.3 述語を用いた推論

前章では，述語を用いた知識表現を紹介しました。ここでは，述語を用いた推論の方法について説明します。

まず，次のような知識が与えられたとします。

    likes(taro, computer).
    likes(taro, ai).
    likes(taro, program).

likes(momoko, network).

likes(momoko, computer).

この知識を用いて，例えば次のような質問に答えることを考えます。

likes(taro, X).

　この述語は，「taro が好きなものは何ですか」という質問を意味しています。この述語に対して，X を変数として知識とマッチングを図ることで，解答を得ることができます。X には任意の文字列がマッチするので，最初に与えられた知識のうちから，次の 3 つの述語がマッチします。

likes(taro, computer).

likes(taro, ai).

likes(taro, program).

したがって，

X = computer

X = ai

X = program

であることから，taro の好きなものは，computer と ai，それに program であることがわかります。

　同様に，次のような質問を考えます。

likes(taro, X), likes(momoko, X).

　この質問は，「taro が X を好きであり，同時に momoko が X を好きであるような X に当てはまるものはありますか」という意味を表しています。要するに，taro と momoko が共通に好きなものを訊いています。

　この質問に答えるには，まず前半の likes(taro, X) に当てはまる X を探します。これは，computer と ai，それに program です。そこで，これらを X に当てはめた際に，質問の後半である likes(momoko, X) が成り立つかどうかを調べます。すると，これらの中で likes(momoko, X) が成り立つのは X が computer である場合であることがわかります。したがって上記の質問に対しては，

　　X=computer

という答えを得ます。

　知識の中にルールの知識が含まれている場合を考えます。例えば，次のような知識が与えられたとします。この知識は，computer が taro と jiro を友達だと思っていることや，taro が momoko を友達だと思っていることを与えます。また 4 行目のルールは，友達の友達は知人（acquaintance）であることを述べています。

　　friend(taro, computer).
　　friend(jiro, computer).
　　friend(momoko, taro).
　　acquaintance(X, Z): -friend(X, Y), friend(Y, Z).

　この知識に対して，次のような質問をします。

　　acquaintance(X, Z).

　これは，「（友達の友達である）知人の関係となる人は誰と誰ですか」という質問を意味します。この質問に答えるために，ルールの右辺第 1 項にあたる，

　　friend(X, Y)

と合致する知識を調べます。すると，知識の 1 行目とマッチし，

　　X = taro
　　Y = computer

となります。そこで，ルールの右辺第 2 項の Y の値を computer として，

　　friend(computer, Z)

と合致する述語を探します。残念ながら，引数の一番目が computer となる述語はありません。そこで，他の組み合わせを調べます。

　知識の 2 行目もルールの右辺第 1 項とマッチし，

　　X = jiro
　　Y = computer

となります。これも，

friend(computer, Z)

となる知識が存在しないため，マッチングに失敗します。

最後に知識の3行目を利用します。すると，

X = momoko

Y = taro

述語論理を直接実行するプログラム言語Prolog

　前章と本章で示した述語に関する知識の表現と推論の実行は，実はそのままコンピュータプログラムとして実行可能です。これらの記述をプログラムとして実行するには，**Prolog** という言語処理系を利用します。

　Prolog の言語処理系にもさまざまな実装がありますが，例えば SWI-Prolog という言語処理系では，次のようにしてプログラムを実行することができます。

```
?- [kb2].
% kb2 compiled 0.00 sec, 972 bytes

Yes
?- likes(taro, X).

X = computer ;

X = ai ;

X = program ;

No
?-  likes(taro, X), likes(momoko, X).

X = computer ;

No
?-
```

知識を記録したファイル（kb2.pl）の読み込み完了

likes(taro, X)にマッチするのは，computer, ai, それにprogramの3つ

likes(taro, X)とlikes(momoko, X)に同時にマッチするのはcomputer

図6.8 SWI-Prolog による推論実行例

　図6.8の例で，行頭の「?-」は SWI-Prolog の出力するプロンプトです。これに対して，ファイル読み込みの指示や，変数を含む述語などを入力します。すると SWI-Prolog のシステムが推論を実行し，適当な返答を返しています。このように，Prolog は述語論理に基づいてプログラムを実行します。

となり，ルールの右辺第2項は

friend(taro, Z)

となります。これは，知識の1行目とマッチし，

Z = computer

となります。これで，最初の質問の X と Z が決まり，

X = momoko

Z = computer

であることがわかりました。

6.2　エキスパートシステム

知識表現と推論の仕組みを用いると，ある分野の専門家が行う推論を肩代わりして実行するプログラムが作れます。これが**エキスパートシステム**（expert system）です。本節では，エキスパートシステムの考え方とその構成方法について説明します。

● 6.2.1　エキスパートシステム

今，ある程度規模の大きいコンピュータネットワークシステムを構築することを考えましょう。例えば，100台のクライアントコンピュータがネットワークで相互結合され，クライアントコンピュータを管理するサーバコンピュータが数台必要となるとします。すると，100台のクライアントコンピュータが必要になるのは明らかですが，他に何が必要になるかは自明ではありません。

例えば，クライアントコンピュータを管理するサーバコンピュータは何台必要なのか，クライアントコンピュータが接続されるネットワークシステムはどのような形式なのか，ネットワークの接続装置は何台必要でどこに配置すべきか，電源容量は足りるのかあるいは増設が必要なのか，空調はどのぐらいの規模のものが必要なのか，など，少し考えただけでもさまざまな観点からの検討が必要になります。こうした検討をもれなく実行するのは結構大変な仕事です。

　このようなときに，コンピュータネットワークシステムの構築に関する専門家（エキスパート）の知識が利用できれば，条件をプログラムに提示するだけで必要事項に関する結論を得ることができるでしょう。これがエキスパートシステムです。

　エキスパートシステムは専門家の知識を利用しますから，あらかじめ専門家から知識をもらわなければなりません。普通，専門家の持つ知識はそう単純ではないのですが，これを何とかプロダクションルールなどの形式に当てはめます。こうして作成した知識の集合を，**知識ベース**（knowledge base）と呼びます。

　知識ベースが手に入ったら，これを用いた推論を実行する機構を用意します。この機構を，**推論エンジン**（inference engine）と呼びます。推論エンジンは，入力された条件に合致するルールを知識ベースの中から探し出し，逐次知識の書き換えや追加削除を行いながら推論を進めます。このとき用いる一時的な記憶領域を**ワーキングメモリ**（working memory）と呼びます。以上をまとめると，エキスパートシステムは図6.9のような構成となります。

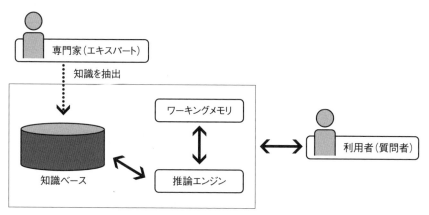

図6.9　エキスパートシステムの構成

● 6.2.2　エキスパートシステムの動作

　プロダクションルールで知識ベースを記述したエキスパートシステムでは，次のような手順で推論を進めます。

エキスパートシステムの動作手続き（前向き推論）

初期化：ワーキングメモリに与えられた条件を設定する。

推論の本体：以下を繰り返す。

  (1)　ワーキングメモリに格納された条件と知識の前件を照合し，発火する
　　　ルールを探す。

  (2)　発火したルールの後件をワーキングメモリに追加する。また，利用し
　　　た条件に対して，適用したルールを記録しておく。

  (3)　与えられた条件を使って結論が得られたら推論を終了する。

　6.1.2項で用いたルール①〜④を知識ベースとして，上記の手続きを適用して
みましょう。知識ベースは以下の通りです。

　　　if(乗り物，タイヤがある，ハンドルがある)　then(自動車)………①
　　　if(自動車，少人数が乗る)　then(乗用車)……………………………②
　　　if(自動車，大勢乗れる)　then(バス)…………………………………③
　　　if(自動車，貨物を運搬する)　then(トラック)………………………④

　ここで，「タイヤがあり，ハンドルがあり，大勢乗れる乗り物は何ですか」と
いう質問に答えることを考えます。手続きに従い，まずワーキングメモリを初期
化します。するとワーキングメモリの内容は次のようになるでしょう。

　　　{タイヤがある　ハンドルがある　大勢乗れる　乗り物}

　これらの条件を基に，推論を進めます。

　まず，手続きの (1) に従って，ワーキングメモリの内容を，各ルールの前件
と照合します。すると，{タイヤがある　ハンドルがある　乗り物} という条件
から，ルール①が発火します。これにより，対象物が自動車であることがわかり
ます。そこで手続き (2) に従い，ワーキングメモリに自動車を追加します。ま
た，利用した条件に適用したルールの番号を記録すると，ワーキングメモリの内
容は次のようになります。

　　　{タイヤがある(①)　ハンドルがある(①)　大勢乗れる　乗り物(①)　自動
車}

　この状態では，まだ使っていない条件がありますから，推論を続けます。そこで手続き（1）に戻り，さらに適用可能なルールを探します。すると，今度は|大勢乗れる　自動車|という条件から，ルール③が適用可能です。ルール③を発火させると結論として対象物はバスであることがわかります。そこで手続き（2）に従ってワーキングメモリに追加変更を行います。

　　　{タイヤがある（①）　ハンドルがある（①）　大勢乗れる（③）　乗り物（①）
　　　自動車（③）　バス}

　結論が得られましたので，手続き（3）により推論を終了します。

エキスパートシステムで金儲け？

　エキスパートシステムは，医療や金融，あるいは工学などのさまざまな分野で実際に役立っています。例えば株式の取引においては，ハイフリークエンシートレーディング（high frequency trading）と呼ばれる，コンピュータを使った株の自動取引が行われています。これは，ある種のエキスパートシステムを用いて，高速・高頻度に株式の売買を行うものです。コンピュータがすべて自動的に発注を行うので，人間には絶対にまねできないようなスピードで取引が行われます。その効果は絶大で，安定的に収益を上げるシステムも存在します。エキスパートシステムが金儲けをしている一例です。
　ただ，コンピュータの自動取引では，ちょっとしたきっかけで偏った売買が大量に実施される危険性があり，市場の急激な変動を引き起こす原因となっているとも言われています。これは，AI技術が社会に大きな影響を与えている実例の1つといえるかもしれません。

章末問題

問題1

　図6.10の意味ネットワークを用いて，下記の質問に答えてください。
　　質問1　「ノートPCにはディスプレイがありますか」
　　質問2　「デスクトップにはキーボードがありますか」
　　質問3　「タブレットにはキーボードがありますか」
　　質問4　「携帯電話にはキーボードがありますか」

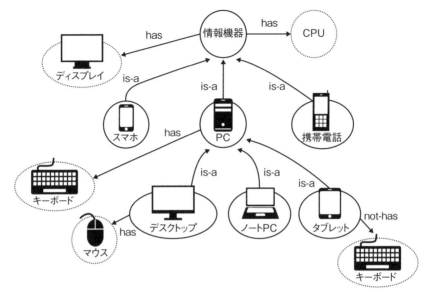

図6.10 情報機器に関する意味ネットワーク

問題2

次のような知識が与えられたとします。ただし，「_」は，何にでもマッチする変数を表します。

likes(taro, computer).
likes(momoko, computer).
likes(computer, taro).
likes(computer, momoko).
happy(X): -likes(_, X).

このとき，「幸福な人は誰ですか」という意味の，次の質問の答えを求めてください。

happy(X).

問題3

6.2.2項の知識を用いて，次の質問に答えてください。
「タイヤがあり，ハンドルがあり，貨物を運搬する乗り物は何ですか」

第7章 学習

本章では，学習の技術を紹介します。学習は知識表現や探索とも関係する技術であり，人工知能研究の中心的課題の一つです。

7.1 学習とは

● 7.1.1 学習とは

私たち人間は，さまざまな局面で学習を行います。例えば学校で授業を受けて学習しますし，学校で受ける演習の授業では手足を動かして学習します。自学自習も学習です。自動車学校では技能訓練を受けて学習しますし，スポーツや楽器演奏を習う局面でもさまざまな技術を学習します。これらは，いわゆる勉強や訓練による明示的な学習です。

こうした明示的な学習に加え，実は私たちは日常生活の上でもさまざまな非明示的な学習を繰り返しています。例えば新しいスマートフォンを買えばその使い方を学習しますし，ネットショッピングの手続きが変更されればこれも学習します。新しい電車の路線ができればこれを候補に含めた移動方法を学習し，レンタカーを借りれば借りた自動車の運転のコツを学習します。

赤ちゃんは誰に習うわけでもないはずなのに，ハイハイをしたりつかまり立ちをしたりするようになります。この過程では，赤ちゃんは何らかの意味での学習を進めているはずです。大人になってからでも，ちょっと足を怪我すれば，怪我を庇うような歩き方を学習しますし，そもそも足を怪我しないような生活態度を学習するかもしれません。

さらに言えば，学習するのは人間だけではありません。犬や猫はさまざまなことを賢く学びますし，水槽の金魚だって餌の取り方を学習します。もっと単純な生物でも学習するものはあるでしょう。

　このように，生物の学習はその内容が多岐にわたります。これらに共通するのは，生物が外の世界と相互作用することで，自分自身の内部状態を更新し，より良い相互作用を実現しようとしていることです。そこでここでは，学習をこのように捉えることにします。

　人工知能分野では，プログラムシステムが学習を行います。一般にこのような学習を**機械学習**（machine learning）と呼びます。機械学習は，学習システムが外界と相互作用することで，システム自身の内部状態を更新し，より良い相互作用を実現しようとする過程であると捉えることができます（図7.1）。

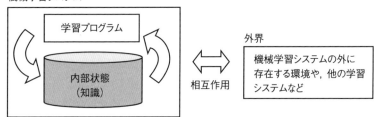

図7.1　機械学習システム（外界と相互作用することで，システム自身の内部状態を更新し，より良い相互作用を実現しようとする過程）

● 7.1.2　学習の分類

　学習は幅広い概念であり，さまざまな方法を用いることができます。ここでは，それらの特徴から学習を分類します。

　まず，図7.1の枠組みでシステムが学習を行う場合，学習の進め方によって2通りの方法が考えられます。1つは**演繹的学習**（deductive learning）であり，もう1つは**帰納的学習**（inductive learning）です（図7.2）。

　演繹的学習は，第6章で扱った推論と大きく関係する学習方法です。すなわち，外界から与えられた知識を組み合わせて，新たな知識を導き出す学習方法です。これに対して帰納的学習では，事実やデータが与えられて，それらから新たな知識を生み出す学習方法です。ビッグデータの処理やディープラーニングなどは，帰納的学習の範疇に含まれます。

　帰納的学習では，学習を行うためのデータセットが外界から与えられます。これを学習データセットと呼びます。帰納的学習による機械学習システムは，学習

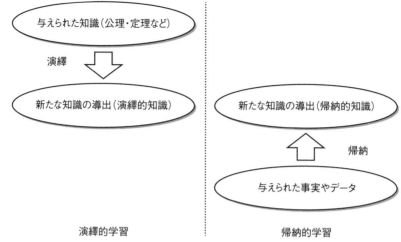

図 7.2 帰納的学習と演繹的学習

データセットをうまく説明するような知識を導き出す必要があります。

　学習の過程において，学習対象について知識を持った先生がいて教えを得られるかどうかでも学習の分類が可能です。先生がいる学習を**教師あり学習**（supervised learning）と呼び，先生がいない学習を**教師なし学習**（unsupervised learning）と呼びます。

　教師あり学習では，学習に用いる外界からの知識の中に，教師によって正解が示されています。帰納的学習においては，学習データセットの中に，あるデータとそれに対応する正解の値が含まれている場合，教師あり学習による学習を行うことができます。

　教師あり学習の目的は，与えられたデータセットを説明することができる知識を獲得することです。例えば，ある気象条件において翌日の気温が上がるか下がるかを判定する知識を得ることを考えます。このとき，過去の気象データとともに，翌日気温が上がったか下がったかの事実を機械学習システムに与えることで，将来の気温予想を行う知識を得ることができます。この場合の学習は，学習データに正解の値（つまり翌日の気温がどうなったかという事実）が含まれていますから，教師あり学習に分類されます（図7.3）。

　教師あり学習に対して，教師なし学習では正解が明示的には与えられません。もちろん，ある知識が正しいかどうかについて全く何も教示が与えられなければ，方向性を持った学習は不可能です。教師なし学習では，学習の仕組みの中に，あ

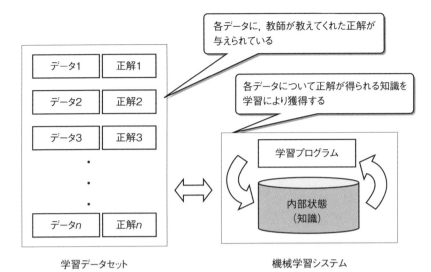

図 7.3　教師あり学習

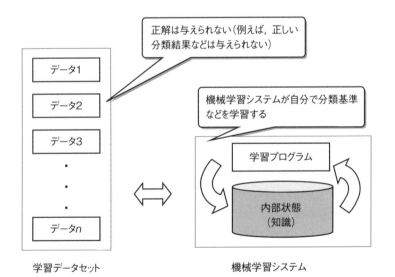

図 7.4　教師なし学習

らかじめある方向性が組み込まれていて，個々の学習データについての正解不正
解は明示されないという方法で学習を進めます（図7.4）。教師なし学習の例と
して，ニューラルネットワークを用いた分類知識の自己組織的学習などの事例が

あります。

　教師あり学習，教師なし学習に続く3つ目のカテゴリに，**強化学習**（reinforce-
ment learning）という学習方法があります。強化学習では，個々の事実につい
ての正解不正解は示されません。その代わり，一連の事実提示がある程度終わっ
た後に，それが良いのか悪いのかという結果が与えられます。その結果は，報酬
という形式で与えられ，しかもその与えられ方も場合によって異なったりします。
この不確実な報酬を基に，次はどうするかについて知識を構成し直す方法で学習
を進めるのが強化学習です。

　強化学習は，生物が行動に基づく経験から知識を得る方法と似ています。強化
学習は，例えて言えば，自動車の運転免許試験での学習のようなものです。つま
り，運転操作の個々の動作についての評価は与えられずに，最後に合否のみが知
らされます。その結果から，一連の運転操作の良否を学習します。

　強化学習では，一連の動作についての評価が遅れて与えられる環境で学習を行
うことができるため，例えばロボットの行動計画の学習などに用いられます。つ
まり，ある行動を取った結果の評価が与えられ，それに従ってより良い行動を学
習します。

　学習について考えるとき，**汎化**（generalization）は重要な概念です。学習に
おける汎化とは，与えられた事実を基に，より一般的な知識を獲得する行為です。
帰納や演繹はいずれも汎化の一種です。学習において汎化は重要ですが，どこま
で汎化が可能であるかは学習方法や問題に依存します。何でもありの汎化では，
役に立つ知識とはなりません。逆に，汎化が進まず，学習データセットに依存し
すぎる学習も望ましくありません。例えば翌日の気温予想を行う知識を得るのに，
過去のデータは完璧に説明できる知識であっても，将来のデータを全然予測でき
ないのであれば，その知識は役に立ちません。このような学習データセットに依
存しすぎる学習を**過学習**（over fitting）と呼びます。過学習は，さまざまな学習
技術で生じうる問題です。

7.2　丸暗記の学習

　本節では，与えられた学習データを丸暗記する**暗記学習**（rote learning）につ
いて扱います。暗記学習は，汎化を行わない学習方法です。

● 7.2.1　完全なデータからの学習

　はじめに，完全な学習データが与えられた場合の暗記学習について考えます。この場合はコンピュータプログラムに対して完全な知識を埋め込んだり，与えられたデータをそのまま保存したりすることで学習を進めます。前者については，例えばプログラミングが該当します。後者については，例えばエキスパートシステムに知識を埋め込む作業が相当するでしょう。また，日本語入力のフロントエンドプロセッサが行なっている，変換候補単語の提示順を入れ替えるための学習は，将来の候補順序の予測を行わないのであれば，暗記学習に相当します。

　フロントエンドプロセッサの学習では，過去のコンピュータ利用者の挙動を無条件に暗記し，過去の変換頻度順に従って変換候補を提示します。この場合の学習は単に過去の変換履歴を暗記しているだけですが，それでも十分有用な挙動を示します。

● 7.2.2　テンプレートの利用

　パターンマッチングによる文字の読み取りに関する学習は，暗記学習の一例です。パターンマッチングによる文字の読み取りでは，学習データとして，読み取り対象文字の画像データが与えられます。これを，文字画像の**テンプレート**（template）としてシステムに埋め込むことで，文字画像に関する知識を暗記学習します。

　実際の文字読み取りにおいては，テンプレートと入力画像との比較を行い，最もよく似ているテンプレートの文字を識別結果とします。このような方法を**テンプレートマッチング**（template matching）と呼びます（図7.5）。マッチングにおいては，テンプレートと入力画像の各画素の一致度を計算し，最も一致度の高いテンプレートを入力画像の識別結果とします。

　テンプレートマッチングにおけるテンプレートデータには，すべての特徴を網羅することは不可能です。しかしテンプレートに文字の平均的特徴が含まれていれば，最もよく適合するテンプレートを選ぶことで文字の分類・認識が可能です。同様の手法は，文字に限らず，複数の特徴量を手掛かりにした分類基準の学習に用いられます。

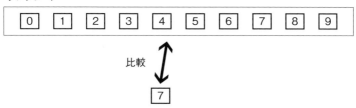

テンプレート

| 0 | 1 | 2 | 3 | 4 | 5 | 6 | 7 | 8 | 9 |

比較

7

入力画像

図 7.5 テンプレートマッチングによる文字の識別

7.3 帰納的学習

本節では，帰納的学習の簡単な例を示すことで，帰納的学習の具体的方法について説明します。

● 7.3.1 分類規則の学習

はじめに，与えられた学習データを用いて，分類規則を帰納的に学習する例について考えましょう。今，表 7.1 のような学習データが与えられたとします。表7.1 で分類の対象となるのは，表の左端にある 5 つの情報機器です。これらの属性として，①から④が与えられています。①から④の属性の値を用いて情報機器を分類する知識を，帰納的に学習します。このような学習は教示学習とも呼ばれ，データマイニングによる知識獲得においてよく実施されます。

表 7.1 分類に関する学習データ

属性／情報機器	①据え置き型？	②キーボードがある？	③情報を提供する？	④常に持ち歩く？
サーバ PC	Yes	Yes	Yes	No
デスクトップ PC	Yes	Yes	No	No
ノート PC	No	Yes	No	No
タブレット	No	No	No	No
スマートフォン	No	No	No	Yes

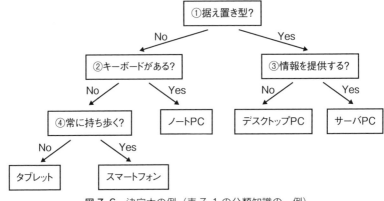

図7.6 決定木の例（表7.1の分類知識の一例）

　ここでは，表7.1のデータから，属性に基づいて分類を行う**決定木**（decision tree）を作成することを考えます。決定木は，判断木とも呼ばれます。

　決定木は，図7.6に示すような木構造で，上から「はい」「いいえ」で答えられる質問に答えていくと，最後に分類結果が得られるという知識構造です。例えば「据え置き型で，情報を提供する情報機器は何ですか」という質問に答えるためには，図7.6の決定木を上から順にたどります。すると，最初の「①据え置き型？」に対しては，右のYesの枝をたどります。次の質問は「③情報を提供する？」ですが，これもYesで右の枝を進み，この機器はサーバPCであることがわかります。

　表7.1で与えられた知識から決定木を作成するには，適当な属性を用いて分類を繰り返し，すべての項目が分類されたら分類を終了します。例えば，表7.1の情報機器を，「④常に持ち歩く？」という属性で分類します。すると，次のように分類されます（図7.7）。

図7.7 決定木の作製（1）

　次に，分類の終わっていない左の枝について「③情報を提供する？」で分類し，その結果をさらに「①据え置き型？」で分類します（図7.8）。

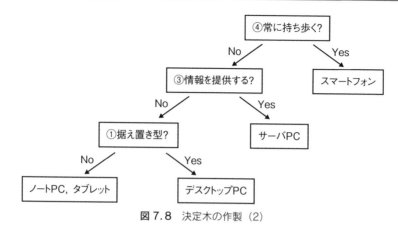

図7.8 決定木の作製（2）

　最後に残ったノートPCとタブレットを分類するために，「②キーボードがある？」という属性を利用します（図7.9）。これで決定木が出来上がりました。

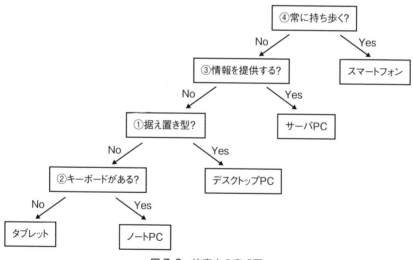

図7.9 決定木の完成図

　図7.9の決定木は，図7.6のそれと同じ分類結果を与えます。したがって，両者とも正しい決定木です。しかし，図7.9の決定木では，例えばタブレットやノートPCの分類には4つの質問に答えなければなりません。これに対して，図7.6では，タブレットで3回，ノートPCでは2回の質問で結論に達することができます。したがって，図7.6の決定木は，より効率的な表現であると言えます。

このように，決定木獲得の学習においては，単に分類ができるだけでなく，分類の効率を評価する必要があります。

　決定木は一つの木構造を用いて分類を行います。これに対して，**ランダムフォレスト（random forest）**と呼ばれる，複数の決定木を組み合わせて分類を行う手法があります。ランダムフォレストでは，学習データセットからランダムに抽出したデータを用いて，複数の決定木を作成します。分類においては，これらの決定木の出力の多数決によって，最終的な判断を決定します。ランダムフォレストはさまざまな分野において，高い分類性能を示すことが知られています。

● 7.3.2　生成規則の学習

　帰納的な学習の例として，ある記号列を生成する生成規則を獲得する例を扱います。この例題は，第10章で扱う自然言語処理に関係する例題です。

　今，図7.10のような記号列が与えられたとします。これらの記号列を生み出す規則を，学習により求めます。

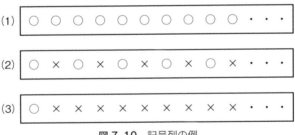

図7.10　記号列の例

　図7.10のような記号列を生成する規則として，具体的な記号である○と×の他に，表7.2のような記法を用いることにします。これらは，**正規表現（regular expression）**と呼ばれる記法の一部です。

表7.2　記号列生成規則の記法

記法	意味
()	連続した記号のまとまりを表す
*	直前の記号の0回以上の繰り返し
+	直前の記号の1回以上の繰り返し

　これらの記号を用いて，図7.10に示したような記号列を生成する規則を記述

します。例えば図7.10 (1) を生成する規則は次のように記述できます。

　　　○＊　　　　○○＋　　　　（○○）＊　　　（○○○○○）＊

　これらはいずれも（1）の記号列を生成することができます。同様に（3）であれば，

　　　○×＊　　　○×＋　　　○×××＊　　○×××＋

などと記述できます。

　これらの規則を獲得する方法として，**生成と検査**（generate and test）という方法を考えます。生成と検査の方法では，何らかの方法で解の候補を生成し，これを検査することで問題の解として適当であるかどうかを確かめます（図7.11）。この問題の例では，問題の解は記号列の生成規則です。その妥当性は，得られた生成規則によって生成された記号列が，例示された記号列とどの程度合っているかによって確認できます。

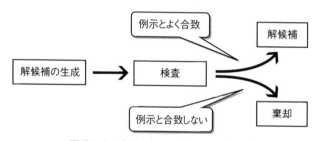

図7.11　生成と検査による知識の獲得

　解の候補を生成する方法として，ここでは，ランダムに生成規則を作り出す方法を採用します。また，検査においては，例示された記号列の先頭10個との一致の割合（一致度）を用いることにします。

　例えば，ランダムに次のような生成規則①が作成されたとします。

　　　○×○＊ ……………………………………………………(生成規則①)

　この生成規則①を用いて10個の長さの記号列を生成し，図7.10の例示と比較します。すると，表7.3のような一致度を得ます。

表7.3　生成規則①の，各例示に対する一致度

文字列										一致度
生成文字列	○	×	○	○	○	○	○	○	○	○	—
例示（1）	○	○	○	○	○	○	○	○	○	○	0.9
例示（2）	○	×	○	×	○	×	○	×	○	×	0.6
例示（3）	○	×	×	×	×	×	×	×	×	×	0.2

表7.3の結果から，生成規則①は例示（1）の生成規則として使えそうです。同様に，次のような生成規則②が得られたとします。

（××）＊……………………………………………………（生成規則②）

同様にして，表7.4のように一致度が計算されます。今度は，例示（3）の生成規則として用いることができそうです。

表7.4　生成規則②の，各例示に対する一致度

文字列										一致度
生成文字列	×	×	×	×	×	×	×	×	×	×	—
例示（1）	○	○	○	○	○	○	○	○	○	○	0
例示（2）	○	×	○	×	○	×	○	×	○	×	0.5
例示（3）	○	×	×	×	×	×	×	×	×	×	0.9

章末問題

問題 1

株式市場では，日々企業の株式が売買され，株価は常に変動しています。過去の株価を基に今後ある企業の株価がどう推移するかを帰納的に学習するためには，どのような教師データが必要となるでしょうか。

問題 2

テンプレートマッチングにおいて，テンプレートデータ T と入力データ D の一致度

C を次のように計算するとします。

$$C = \frac{1}{I \cdot J} \times \sum T_{ij} \cdot D_{ij}$$

ただし，T_{ij} はテンプレートの画素 (i, j) の値であり，D_{ij} は入力データの画素 (i, j) の値です。また，I, J は T 及び D の縦横の画素数です。今，画像データが 2 値画像であり，黒を 1，白を −1 で表すものとします。また，画像は 3×3 の大きさとします。このとき，次ページのテンプレート T に対する入力データ D1〜D3 の一致度 C_{D1}〜C_{D3} を計算してください。

図 7.12　テンプレートデータ T

(1) D1　　　　　　　(2) D2　　　　　　　(3) D3

図 7.13　入力データ

問題 3

次のような例示記号列が示された場合，これを生成する規則としてふさわしいのは①〜④のどれでしょうか。

例示記号列　○　×　×　○　×　×　○　×　×　○　……
生成規則①　○＊
生成規則②　×＊
生成規則③　（○　×　×）＊
生成規則④　（○　×　×　○　×　×）＊

問題 4

与えられたデータを属性に応じて分類する分類問題において，サポートベクターマシン（support-vector machine, SVM）と呼ばれる手法がよく用いられます。サポートベクターマシンについて調査してください。

第8章 ニューラルネットワークと強化学習

本章では，大規模データ処理と関係の深い統計的学習と，自律エージェントの行動学習などに有効な強化学習を扱います．統計的学習では特に，ディープラーニングの基礎となるニューラルネットワークを中心に紹介し，強化学習では Q 学習の原理を説明します．

8.1 統計的学習

本節では，統計的学習の基礎として，統計学に基づくパラメタの学習について扱います。その後，ニューラルネットワークとその学習法を説明します。

● 8.1.1 パラメタ学習

パラメタ学習は，与えられた学習データを説明できる数式を学習する学習手法です。簡単な例として，図 8.1 に示すようなデータを説明する関数を求めることを考えます。図 8.1 は，ある関数 f による，時刻 t における関数の値 x_t が示されています。これらの値の組を学習データとして，学習データから f を推定し

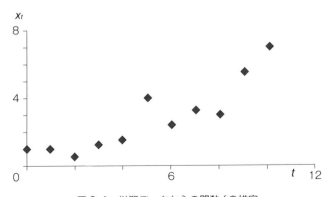

図 8.1 学習データからの関数 f の推定

ます。ただし，学習データには雑音が含まれているものとします。

この操作は，数学的には，統計解析の一種である回帰分析を行うことに相当します。回帰分析の一例である最小二乗法では，与えられたデータと推定した関数 f の与える値との誤差が最少となるように，関数 f のパラメタを調整します。

最小二乗法によって関数 f を求めるには，数式の形式を決める必要があります。例えば図8.1の例でいえば，関数 f は直線なのか曲線なのか，また曲線ならば何次の多項式なのか，あるいは指数関数や三角関数なのかなどを決めます。これを，モデルの選定と呼びます。

今，図8.1の関数 f のモデルとして，直線を選んだとします。すると図8.2のように回帰直線を求めることができます。

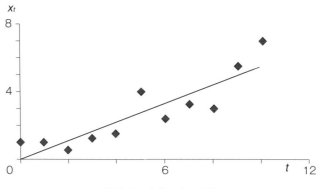

図8.2 直線による回帰

図8.2の直線は，与えられたデータとの誤差が大きく，データの組をうまく表現できていません。これに対して，3次式で回帰した例を図8.3に示します。こ

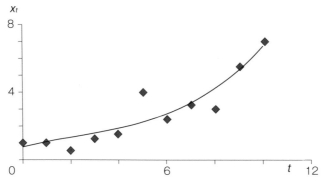

図8.3 3次式による回帰

の例では，直線による回帰結果と比較して誤差が小さくなり，より適切なモデル
が選定されているように見受けられます。

　図8.3では，おおむね各点を通る曲線が得られていますが，まだ誤差があります。さらに高次の曲線をモデルとして選択することで誤差を減らすこともできますが，今度は与えられたデータ以外の部分で曲線が波打ってしまい，全体としての適切さが失われてしまいます。この例では，例えば6次式を当てはめると，図8.4のようになってしまいます。

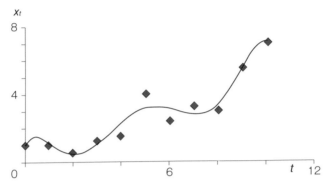

図8.4　6次式による回帰（過学習の例）

　図8.4の結果は，与えられた学習データを説明するのには適していますが，全体的な滑らかさや，外れ値と見えるデータに対する配慮が失われており，結果として不自然な学習結果となっています。これは，過学習の一例です。この例では得られた学習データに雑音が含まれるのに，学習データの点数が少なすぎるため過学習を起こしています。こうした過学習を避けるためには，学習データの数を増やす必要があります。この点は，次項で扱うニューラルネットワークについても同様です。

● 8.1.2　ニューラルネットワーク

　人工ニューラルネットワーク（artificial neural network）（以下，ニューラルネットワーク，あるいはニューラルネットと呼びます）は，生物の神経細胞が構成する神経回路網を，コンピュータプログラムでシミュレートした計算モデルです。

　ニューラルネットワークを構成するのは，神経細胞のモデルである**人工神経細胞**（artificial neuron，**人工ニューロン**）です。以下では，人工神経細胞を単に**神**

経細胞あるいはニューロンと呼びます。神経細胞には複数の入力があり，他の神経細胞の出力を受け取ることができます。前段の神経細胞の出力値x_iは，それぞれに決められた**結合荷重（weight）**（あるいは単に**重み**とも呼びます）w_iに従って後段の神経細胞に伝えられます。神経細胞はそれらの信号の合計値を計算し，この合計値から，**出力関数（output function）**と呼ばれる関数によって出力値zを計算します（図8.5）。神経細胞が信号を出力した状態を，神経細胞の発火と呼びます。

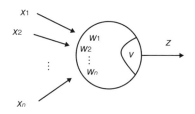

ただし　　$x_1 \sim x_n$：入力
　　　　　$w_1 \sim w_n$：結合荷重（重み）
　　　　　v：しきい値

図8.5　神経細胞

　出力関数には，**ステップ関数（step function）**や**シグモイド関数（sigmoid function）**がよく用いられます。ステップ関数は，合計値がある**しきい値（threshold）**vを超えると定数1を出力し，それ以外は0を出力する関数です。数式で書けば，次のようになります。

$$u = \sum_i x_i \cdot w_i - v$$

$$z = \begin{cases} 1 & (u \geqq 0) \\ 0 & (u < 0) \end{cases}$$

　シグモイド関数は，出力が連続値となる関数です。シグモイド関数fは上式のuを用いて次のように記述されます。

$$f(u) = \frac{1}{1+e^{-u}}$$

　シグモイド関数を出力関数として用いると，uに対して図8.6のような連続した値を出力します。ステップ関数は出力が0と1の2値からなるディジタル出力ですが，シグモイド関数の出力値は0から1の間の連続値です。

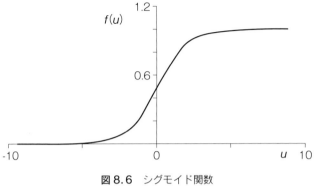

図 8.6　シグモイド関数

　神経細胞は，重みやしきい値，あるいは出力関数を適切に選択することで，入力信号に対するさまざまな演算が可能です。例えば，2 入力の神経細胞で出力関数にステップ関数を用いて，

$$w_1 = 1, \quad w_2 = 1, \quad v = 1.5$$

とすると，論理和（AND）演算素子を実現することができます。

　このように神経細胞は単体でも演算能力がありますが，ニューラルネットワークの計算モデルでは，複数の神経細胞が互いにシナプスを介して接続されたことで構成されるネットワークが計算を行います。例えば，図 8.7 のように 3 つの神経細胞を結合すると，2 つの入力 x_1, x_2 と，1 つの出力 z_3 を持ったニューラルネットワークが構築されます。

　図 8.7 のように，入力値が神経細胞を順に経由して，出力側の神経細胞から値

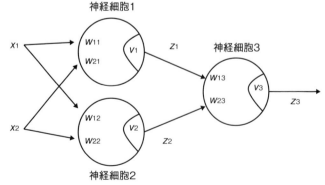

図 8.7　ニューラルネットワークの例（階層型ネットワーク）

が出力される形式のニューラルネットワークを，**階層型ネットワーク**あるいは**フィードフォワードネットワーク**（feed forward network）と呼びます。階層型ネットワークでは，入力値を入力層の神経細胞が受け取り，各神経細胞が重みやしきい値，あるいは出力関数の定義に従って計算を行います。その結果は次段の神経細胞層に伝達され，同様にして出力層の細胞まで伝達されます。

　例えば図8.7では，入力 x_1 と x_2 は，それぞれ入力層の神経細胞1と神経細胞2に与えられます。その結果，各神経細胞の出力値として，z_1 と z_2 が出力されます。さらにこれらの値が出力層の神経細胞3に与えられ，出力 z_3 が計算されます。このとき，それぞれの神経細胞の結合加重やしきい値を適切に設定することで，ネットワーク全体としての動作を決定することができます。

　一般に，ニューラルネットワークの学習とは，与えられた学習データを用いて，結合荷重やしきい値を設定する処理のことをいいます。この意味では，ニューラルネットワークの学習は帰納的な学習であり，本章の冒頭で述べたパラメタ学習と同じ範疇の学習です。

　初期のニューラルネットワーク研究でよく用いられた**パーセプトロン**（perceptron）は，階層型ネットワークの一種です（図8.8）。パーセプトロンでは，入力層から中間層への結合荷重はランダム値で，中間層から出力層への結合荷重を変更することでネットワークに学習を施します。後述のようにこの方法では，入力層から中間層への結合荷重によっては，ある特定の関数を表現できたりできなか

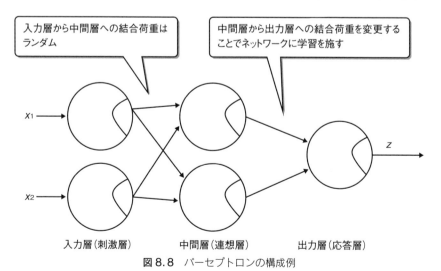

図8.8　パーセプトロンの構成例

ったりすることが知られています。結合荷重がランダムに与えられるので，学習能力に制限が加えられているのです。

　この制限を取り払い，すべての層間の結合荷重を学習により調整できるようにしたのが，**バックプロパゲーション（back propagation，誤差逆伝播）** と呼ばれる学習アルゴリズムです。バックプロパゲーションを用いると，パーセプトロンでは学習できなかった関数も学習することが可能です。

　バックプロパゲーションでは，階層型ネットワークのすべての結合加重としきい値を学習対象とします。その学習方法は次の通りです。まず，ある学習データについてニューラルネットワークを用いて出力値を計算します。すると，ニューラルネットワークが学習途中の場合には，出力値は正解の値と異なる値となってしまいます。正解の値 z と，ニューラルネットワークの出力値 z' の差を誤差 E と呼びます。

$$E = z - z'$$

　E の値が正の場合は，ニューラルネットの出力が小さすぎることを意味します。そこで，出力が大きくなるように結合加重やしきい値を調整します。逆に E の値が負であれば，出力を小さくなるように調整します。

　この処理を繰り返して，学習データ全体にわたって誤差を0に近づけるように

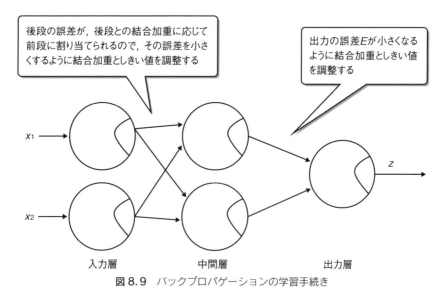

図 8.9　バックプロパゲーションの学習手続き

処理を繰り返すのが，バックプロパゲーションの学習手続きです。このとき，出力層の誤差は E そのもので計算できます。中間層の誤差は，出力層の誤差が結合加重に応じて前段に伝播したものと考えて求めます。誤差の値が，後段から前段に向けて逆に伝わっていくように計算を進めるため，この方法を誤差逆伝播法と呼びます（図8.9）。

　ニューラルネットワークには，階層型以外の形式もあります。例えば**リカレントネットワーク**（**recurrent network**）は，ある神経細胞の出力が自分自身に戻ってくるような形式のネットワークです。リカレントネットワークにはさまざまな形式が考えられますが，特に，すべての神経細胞が互いに相互結合しているネットワークの形式を，**ホップフィールドモデル**（**Hopfield model**）と呼びます。ホップフィールドモデルによるネットワークの例を図8.10に示します。

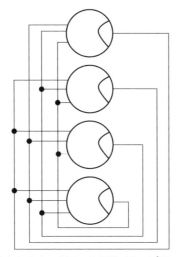

図8.10 リカレントネットワークの例（ホップフィールドモデル）

8.2 強化学習

　前章でも述べたように，強化学習は一連の行動に対する環境からの応答に従って学習を進める，自律エージェントの学習などの応用に向いた学習手法です。ここでは，その原理と，具体的な実現例である Q 学習について述べます。

● 8.2.1　強化学習の原理

　第7章でも述べたように，**強化学習**（reinforcement learning）は，環境との相互作用によって適切な行動を学んでいく学習方法です。例えば，ある環境の中で自律ロボットが行動する場合を考えます。ロボットが何か**行動**（action）を行うと，その結果が**報酬**（reward）として環境から与えられます。適切な行動をとれば正の報酬を得ますし，不適切な行動に対しては負の報酬が与えられます。強化学習では，報酬を手掛かりにして，適切な行動を選択するための知識を学習します。これは，生物が環境に適応していく過程を模倣した学習方法です。

　強化学習を実現する簡単な方法として，**Hebb 則**（Hebb's rule）に基づく学習方法があります。Hebb 則に基づく学習では，ある行動をとって得られた報酬に基づいて行動知識の良し悪しを学習します。すなわち，正の報酬が得られる行動知識の重みを増し，負の報酬が得られた際にはそのとき用いた行動知識の重みを小さくします。こうして行動を繰り返すことで，より環境に適応した行動知識を得ます（図 8.11）。

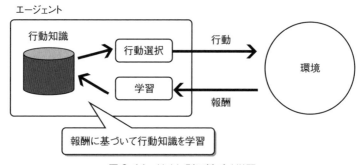

図 8.11　Hebb 則に基づく学習

　Hebb 則に基づく強化学習は単純でわかりやすい学習方法ですが，一般にはこの学習方法ではうまく学習を進めることは困難です。なぜならば，環境から得られる報酬は，ある行動の直後に得られるとは限らないからです。むしろ，ある一連の行動が一通り終わった後に，結果として目的が達せられたかどうかで報酬が与えられるほうが普通です。

　例えば，ロボットが足を使って歩く行動を強化学習で獲得するとします。この場合，ある程度歩行を進めてうまく歩けたかどうかによって報酬が与えられますが，足を動かす各瞬間に報酬が与えられるわけではありません。ですから，行動

知識の学習においては，報酬の見込み値を仮定して，見込みに基づいて学習を進めるしかありません。また，うまく歩けたかどうかの評価についても，本来はうまくいかないはずの行動がたまたまうまくいったり，逆にうまくいくはずの行動が何らかの理由で失敗することも考えられます。これらは，学習に対しては**雑音** (noise) として影響を与えてしまいます。

　一般に強化学習が利用される局面では，報酬が遅れて与えられるとともに，報酬に雑音が重畳されることを仮定しなければなりません。強化学習の分野では，こうした過程の下でも学習を進められる方法が提案されています。以下ではその一例としてQ学習を取り上げます。

● 8.2.2　Q学習

　行動後ただちに報酬が得られない場合の強化学習の手法として，**Q学習** (Q-learning) がよく用いられます。Q学習では，行動の価値を表す値である**Q値** (Q-value) を用いて学習を行います。

　Q値は，ある時点における行動の価値を表す数値です。いくつかの可能な行動の候補からある行動1つを選ぶには，行動の価値であるQ値を利用して決定します。つまり，次の行動として，Q値の大きい行動を優先して選びます。

　学習を始める以前には，Q値の正しい値は未知ですから，例えば乱数で初期値を設定などするしかありません。したがって，学習開始直後では，Q値に従って行動を選択したとしても，結果として得られる報酬が高くなるとは限りません。そこで，繰り返しさまざまな行動をし，その結果からQ値を更新していくことで，正しいQ値を学習します。こうして最後には，Q値によって決められた行動をすれば必ず高い報酬を得られるように学習を進めます。

　Q値を更新するためには，さまざまな行動を繰り返す必要があります。しかも，1回の行動だけでは，報酬がただちに得られるわけではありません。そこで，Q値の更新には，次のような考え方を導入します。

Q値の更新手続き
　ある行動をとった後，以前のQ値に以下の操作を加える。
① 報酬が得られたら，報酬に比例した値を以前のQ値に加える。
② 次の状態で選択できるQ値の最大値に比例した値を，以前のQ値に加える。

　この考え方を使うと，例えば，一連の行動の最後にのみ報酬が得られるような学習環境でも学習を進めることができます。もちろんそのためには，繰り返しさまざまな行動を実施することが必要です。つまり，初期状態から始めて，目的の状態に至るか，あるいは適当な回数で行動を取り終え，行動の都度上記のQ値更新手続きを実施します。一連の行動が終わったら，また初期状態からの行動を繰り返します。以上の手続きをまとめると以下のようになります。

Q学習の手続き

初期化：すべての行動に対するQ値を乱数により設定する。

学習の本体：適当な終了条件を満たすまで以下を繰り返す。

① 行動の初期状態に戻る。

② 現状態において選択可能な行動をQ値に基づいて選び，行動する。

③ Q値を上記「Q値の更新手続き」に従って更新する。

④ 目標状態に至るか，ある条件に至ったら（決められた回数行動を繰り返すなど），①に戻る。

⑤ ②に戻る。

　具体的には，以下のように学習が進みます。例えば，図8.12の木をSからGに向かう移動行動を，Q学習によって学習するものとしましょう。

　まず初期状態Sから次の状態に至る間は，適当に行動を選択することで先に進むことはできますが，報酬は得られません。したがって，報酬に従ってQ値を更新することはできません。ただし，次の状態で選択できるQ値の最大値に比例した値がQ値に加算されます。

　もしSからCに至り，最後にGに進むことができたら，初めて報酬を得ることができます。このとき，報酬の値に従って，状態CでGに至る行動に対する

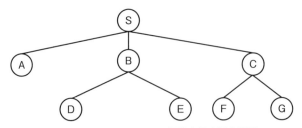

図8.12　SからGに至る経路を探す探索問題

Q値が増加します。

　ここで，状態をいったん初期状態 S に戻して，また行動を開始します。2 回目以降の試行において，S から C に至る行動が選択されると，C における Q値の最大値が S での Q値に加算されます。この値は以前に C から G に至った際に得た報酬に従って値が増加していますから，S における C への行動に対する Q値も増加します。このように，報酬によってある Q値が増加すると，それに関連する前段階の Q値も増加していきます。C から G に至る行動が選択されれば，さらに関連する Q値が増加します。

　以上のような処理を繰り返し実行することで，S から C を通って G に至るという一連の行動選択が徐々に獲得されていきます。

コラム　　　**ニューラルネットワーク研究の栄枯盛衰**

　1969 年，ミンスキーらは『*Perceptrons: An Introduction to Computational Geometry*』という書籍の中で，2 層からなる単純パーセプトロンでは，線形分離でない問題（平面を 2 つに分割する分類方法では分類不可能な分類問題）は解けないことを示しました。その後，ニューラルネットワークの研究は一時下火になります。あらためてニューラルネットワークが表舞台に立ったのは，バックプロパゲーションの手法が広く研究者に知られるようになった 1980 年代中頃です。その後バックプロパゲーションのブームも沈静化し，21 世紀になってからディープラーニングの登場によってニューラルネットワークは再度脚光を浴びています。このように，ニューラルネットワーク研究は栄枯盛衰を繰り返しています。

　ただし，これはニューラルネットワーク研究に限ったことではありません。人工知能研究のさまざまな分野ではこれと似たようなことが起こっていますし，第 2 章で述べたように，これは人工知能研究全体についても言えることです。

章末問題

問題1

直線回帰では，求める関数 f を

$$f(t) = a_0 + a_1 \cdot t$$

とした場合，a_0 と a_1 を次のように計算します。ただし，n はデータの個数です。

$$a_0 = \frac{\sum t_i^2 \sum f(t_i) - \sum t_i \cdot f(t_i) \sum t_i}{n \sum t_i^2 - (\sum t_i)^2}$$

$$a_1 = \frac{n \sum t_i \cdot f(t_i) - \sum t_i \sum f(t_i)}{n \sum t_i^2 - (\sum t_i)^2}$$

上式を用いて，図8.1のデータについて回帰式を求めてください。ただし，t と $f(t)$ の値は次の表のように与えられています。

表8.1　t と $f(t)$ の値

t	0	1	2	3	4	5	6	7	8	9	10
$f(t)$	1	1	0.5	1.2	1.5	4	2.4	3.2	3	5.5	7

問題2

2入力の神経細胞で出力関数にステップ関数を用いて，

$$w_1 = 1, \quad w_2 = 1, \quad v = 1.5$$

とすると，論理和（AND）演算素子が実現できることを確かめてください。また，$v = 0.5$ とするとどうなるでしょうか。

問題3

バックプロパゲーションの学習手続きでは，与えられた学習データ全体にわたって誤差 E を0に近づけるように処理を繰り返します。この手続きを，第3章で探索手続きを記述した方法にならって，処理手順に従ってプログラム言語風に記述してください。

問題 4

　本来，Hebb 則は神経回路の学習に関する仮説として提案されたものです。生物の神経回路における Hebb 則について調べてください。

問題 5

　Q 学習における Q 値の更新は，数式で書くと次のようになります。

$$Q(s_t, a_t) = Q(s_t, a_t) + \alpha(r + \gamma \max Q(s_{t+1}, a_{t+1}) - Q(s_t, a_t))$$

ただし，

$s_t,\ a_t$：時刻 t における状態 s_t と，そのときにとる行動 a_t

r：a_t により s_{t+1} において得られた報酬

$\max Q(s_{t+1}, a_{t+1})$：時刻 $t+1$ における状態 s_{t+1} で可能な行動 a_{t+1} に対する Q 値の最大値

α：学習係数（0.1 程度）

γ：割引率（0.9 程度）

本文の説明に沿って，上式の意味を考えてみてください。

第9章 テキスト処理

　本章では，自然言語を記号列として処理するテキスト処理の手法を扱います。テキスト処理技術は，テキストマイニングやビッグデータ処理の基礎技術としても重要です。

9.1　自然言語処理とテキスト処理

　本節では，人工知能分野において研究されてきた自然言語処理技術を概観し，その中でのテキスト処理技術の位置付けを述べます。

● 9.1.1　自然言語処理の方法

　日本語や英語などの自然言語をコンピュータで扱う典型的な方法として，図9.1に示すような階層的な処理方法があります。

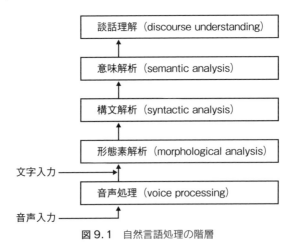

図9.1　自然言語処理の階層

　図9.1において，**音声処理**（**voice processing**）は音声を入力として自然言語

の文字列を出力します。**形態素解析**（morphological analysis）では，文字を入力として，形態素の連なりを出力します。形態素とは，単語に相当するような，文法的な意味での言語における最小限のかたまりを意味します。形態素解析では，入力文字列を形態素に分割し，それぞれの形態素が名詞か，あるいは動詞かといった，形態素の文法的役割を出力します。

　構文解析（syntactic analysis）では，文の中での形態素の関係を解析し，文の文法的構造を出力します。**意味解析**（semantic analysis）では構文情報や形態素に関する情報を基に文の意味を確定し，**談話理解**（discourse understanding）における文章の理解につなげます。こうした一連の技術が，自然言語理解や機械翻訳などの研究を通して培われてきました。

　以上の処理は，実際には独立した処理ではなく，互いに関連しています。例えば，音声処理では，形態素や構文，あるいは意味に関する情報を用いないと，正しい処理結果を得ることはできません。このことは，形態素解析や構文解析においても同様です。したがって実際の自然言語処理システムにおいては，単純な一方向の処理を行うのではなく，情報が双方向に流れるような処理が必要となります。このことから，自然言語処理システムは非常に複雑なシステム構成となる傾向があります。

● 9.1.2　テキスト処理の方法

　前項では意味や談話の理解を目標に階層的な処理を行う方法を示しましたが，これに対して，自然言語を単なる記号列として処理する**テキスト処理**（text processing）の方法が注目されています。

　テキスト処理では，自然言語の構文や意味には立ち入らず，自然言語の表現を，文字の並びや形態素の並びとして捉え，その中での特徴を抽出します。このためテキスト処理に基づく処理システムは，システム構成が簡潔で，大量のデータを高速に処理することができます。ビッグデータ処理に関連して，テキストマイニングという技術があります。大量のテキストデータを対象として，データに含まれる規則性や法則などの知識を探し出すテキストマイニングの技術は，テキスト処理の応用例です。以下では，テキスト処理の手法として n-gram と tf-idf を取り上げて説明します。

9.2 テキスト処理の手法

● 9.2.1 *n*-gram

n-gram は，文字や形態素などを *n* 個並べたもののことです。例えば今，「人工知能研究」という文字の並びについて，*n* を 3 として，文字の 3-gram を作製します。すると，図 9.2 のように 4 つの 3-gram を作ることができます。

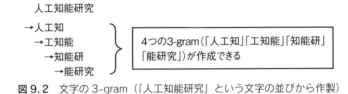

人工知能研究
→人工知
　→工知能
　　→知能研
　　　→能研究

4つの3-gram（「人工知」「工知能」「知能研」「能研究」）が作成できる

図 9.2 文字の 3-gram（「人工知能研究」という文字の並びから作製）

n-gram を用いると，文の特徴を調べることができます。例えば，本書の「はじめに」から文字の 3-gram を作製し，出現頻度順に並べると表 9.1 のようになります。

表 9.1 3-gram の出現回数（本書の「はじめに」から作製）

出現回数	3-gram	出現回数	3-gram
15	人工知	5	ュータ
15	工知能	5	ピュー
7	ます。	5	コンピ
6	能技術	4	ました
6	知能技	4	の成果
6	，人工	4	です。
5	知能の	4	てくれ
5	ンピュ	4	した。
		4	。本書

表 9.1 を見ると，対象とした文章は人工知能技術やコンピュータに関する内容を扱っていることや，「ですます」調で文が記述されていることなどがわかります。

n-gram は文の生成にも用いることができます。例えば，表 9.2 のような文字

列の 2-gram が与えられると，2-gram の連鎖を作製することで，図9.3のような文字列の並びを生成することができます。

表9.2 文字列の 2-gram の例

番号	2-gram		
①	人工	→	知能
②	知能	→	技術
③	知能	→	処理
④	知能	→	研究
⑤	処理	→	技術
⑥	技術	→	研究

```
人工知能技術 (①②)
人工知能研究 (①④)
知能処理技術 (③⑤)
人工知能技術研究 (①②⑥)
人工知能処理技術研究 (①②③⑤⑥)
```

図9.3 表9.2の文字列2-gramから生成した文字列の例
（括弧内は表9.2の番号）

● 9.2.2 tf-idf 法

tf-idf 法は，文章を構成するある単語について，その重要さの度合いを計算する方法です。tf-idf 法によりある文章における重要単語がわかると，それらの単語を手掛かりにして，その文章の要約を作成することができます。また，tf-idf 法による重要単語を求めておいて文章のキーワード検索に応用することで，重要なキーワードを中心に効率的な検索を行うことが可能です。

tf-idf 法では，**tf**（term frequency）という指標と，**idf**（inverse document frequency）という指標の積で，ある単語の重要度を表現します。ここで tf は，ある文章の中に含まれるある単語の出現割合であり，次のように計算します。

$$\text{tf} = \frac{（ある単語の出現頻度）}{（文章全体に含まれる単語の数）}$$

idf は，文章の集合全体を調べて，ある単語が含まれる文章の数を数え上げることで以下のように計算します。

$$\text{idf} = \log \frac{（文章の総数）}{（ある単語が含まれる文章の数）}$$

上式において，ある単語についての tf の値が大きいことは，ある文章の中でその単語が繰り返し出現することを意味します。頻出単語は重要であると考えるわけです。また idf の値は，さまざまな文章の中であまり出現しない単語ほど大きくなります。つまり，ある文章に固有の特徴的な単語ほど idf の値が大きくなります（図9.4）。こうして，tf 値と idf 値の積を求めることで，ある文章に頻出するとともに，その文章に固有のキーワードを抽出することができます。

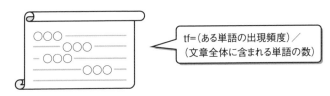

①ある文章の中で頻出する単語のtf値は大きくなる

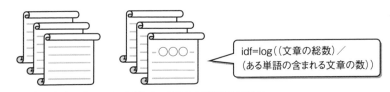

②さまざまな文章の中であまり出現しない単語のidf値は大きくなる

図9.4 tf-idf 法による単語重要度の計算

tf-idf の計算例として，図9.5のような場合を考えます。図9.5では，4つの文章があり，それぞれに複数の単語が含まれています。今，文章 A には 100 個の単語が含まれ，「AI」という単語が 10 回出現したとしましょう。また，「AI」という単語が図のように文章 A にのみ現れており，文章 B から文章 D には表れなかったとします。

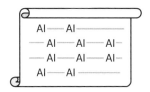　　　　　　　　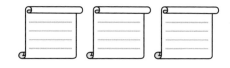

文章A　単語数100,「AI」10回　　　　文章B〜D　「AI」を含む文章なし

図9.5　tf-idf の計算例

この場合，文章 A の「AI」という単語の tf-idf 値は次のように計算されます。

tf ＝（「AI」の出現頻度）／（文章全体に含まれる単語の数）

　＝ 10/100 ＝ 0.1

idf ＝ log（（文章の総数）／（「AI」の含まれる文章の数））

　＝ log（4/1）≒ 0.60

よって，

tf-idf ≒ 0.06

他の単語についても tf-idf 値を計算することで，それぞれの文章に含まれる各単語の重要度を求めることができます。

　ELIZA と WATSON

　1966 年に，ワイゼンバウムは ELIZA というプログラムを発表しました。ELIZA はテキスト処理によって人間とチャットを行うプログラムであり，現代的にいえばボットとか人工無能とか呼ばれるプログラムの先祖にあたるシステムです。これらのプログラム同様，ELIZA もまるで人間が応答しているように振る舞う場合もありました。ワイゼンバウムは ELIZA によって，単純なプログラムでも場合によってはチューリングテストをパスするような挙動を取りうることを示しました。ただし，このプログラムが知的であると主張したわけではありません。

　第 2 章で述べた WATSON は，テキスト処理に基づいて対話処理を行うという意味では，ELIZA の子孫と呼べるかもしれません。その複雑さや規模，処理速度では比較するべくもありませんが，探索やパターンマッチングによって知的な挙動を模擬しているという意味では，WATSON と ELIZA には共通点を見出すことができるでしょう。

章末問題

問題1

　文字を単位として5-gramを作成するプログラムを任意のプログラム言語で記述してください。また，そのプログラムを使って，適当な英文について5-gramを作製してください。

問題2

　前ページのコラム「ELIZAとWATSON」について，文字を単位とした3-gramを作製し，その出現頻度を表にまとめてください。

問題3

　以下の3つの文章に含まれる単語に着目し，それぞれのtf-idf値を求めてください。ただし，下線部を単語として扱います。

文章1

　「自然言語処理は人工知能の一分野です。自然言語処理は重要です。」

文章2

　「人工知能では，テキスト処理も研究されています。テキスト処理は自然言語処理に利用できます。」

文章3

　「探索は人工知能の基礎技術です。知識表現や推論も同様です。」

第10章　自然言語処理

本章では，自然言語処理の技術を扱います。はじめに，構文解析を中心として自然言語をコンピュータプログラムで処理する方法の基礎を紹介します。次に意味の表現について述べるとともに，自然言語処理の応用技術として，機械翻訳の技術を取り上げます。

10.1　形態素解析と構文解析

本節では，言語学者であるノーム・チョムスキー（Noam Chomsky）が1950年代に提唱した生成文法の考え方を中心に，自然言語で記述された文章を構文解析する方法を示します。

● 10.1.1　生成文法による構文の定義

自然言語で記述された文を読み取るためには，形態素を処理するための辞書と，形態素のつながりによる文の構造を与える文法の知識が必要となります。人間が辞書を片手に外国語で書かれた文を読む場合も同様ですが，辞書を使って形態素を切り出してそれぞれの形態素を解釈した後，文法に従って形態素の並びを理解し，文の構造を調べます。

例えば，中学校以来おなじみの次の英文を，辞書と文法を頼りに解析することを考えます。

This is a pen.

初めに形態素解析を実施します。まず，先頭の単語を取り出し，辞書を用いた形態素解析の結果，「this」は「これ」という意味の代名詞であることがわかります。続く「is」は動詞で，「a」は冠詞，そして「pen」は名詞であり「ペン」を意味するということがわかります（図10.1）。

「this」：代名詞(PRON)
　　　意味＝「これ」

「is」：動詞(V)
　　　意味＝「〜は〜である」

「a」：冠詞(ART)
　　　意味＝「(不定の)ひとつの」

「pen」：名詞(N)
　　　意味＝「ペン」

図10.1　形態素解析の結果

　これらの結果を基に，与えられた文がどのような構造をしているのを調べるのが構文解析です。後述する文法の知識を使って上記の文を構文解析すると，図10.2のような構造を得ます。図10.2のように，文の構造を木で表現したものを**構文木**（syntax tree）と呼びます。

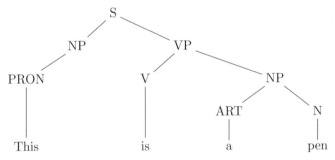

図10.2　「This is a pen.」の構文木
（S：文　NP：名詞句　VP：動詞句　V：動詞　PRON：代名詞　N：名詞　ART：冠詞）

　構文木を得ることができれば，この文における主語は「This」であり，動詞「is」によって「a pen」という名詞句とつなげられており，全体として「これはペンです」という意味であることがわかります。

　ここで，文の構造を与える文法をどのように定義すればよいかが問題になります。人工知能分野では，**生成文法**（generative grammar）が文法の定義にしばしば用いられます。

　生成文法は**形式文法**（formal grammar）の一種であり，ある記号を別の記号

に書き換える規則を中心とした文法体系です。生成文法における記号の書き換え規則は，例えば次のように記述されます。

$$\langle S \rangle \rightarrow \langle NP \rangle \langle VP \rangle \qquad ①$$

上記は，「〈S〉という記号は，〈NP〉〈VP〉という記号の並びに置き換えることができる」という書き換え規則を表現しています。生成文法では，このような書き換え規則を複数集めることで，構文に関する文法を表現します。

　さて，上記①で，山括弧〈 〉で囲まれた記号列は，**非終端記号**（nonterminal symbol）を表します。非終端記号は，文の構成要素となる文法的単位です。上記①では，非終端記号〈S〉は文（sentence）を表し，〈NP〉は名詞句を，また〈VP〉は動詞句を意味しています。

　一般にある文法において，非終端記号の書き換え規則は複数存在します。例えば，次の②〜④は，図 10.2 の構文を説明するための書き換え規則です。

$$\langle NP \rangle \rightarrow \langle PRON \rangle \qquad ②$$
$$\langle NP \rangle \rightarrow \langle ART \rangle \langle N \rangle \qquad ③$$
$$\langle VP \rangle \rightarrow \langle V \rangle \langle NP \rangle \qquad ④$$

　書き換え規則を適宜適用して非終端記号を置き換えていき，最後に非終端記号を実際の文に出現する記号列である**終端記号**（terminal symbol）に置き換えることで，文を生成します。図 10.2 の例では，非終端記号と終端記号の対応関係は次のようになります。

$$\langle PRON \rangle \rightarrow this \qquad ⑤$$
$$\langle V \rangle \rightarrow is \qquad ⑥$$
$$\langle ART \rangle \rightarrow a \qquad ⑦$$
$$\langle N \rangle \rightarrow pen \qquad ⑧$$

　これらの文法に従って文を生成しようとすると，文法の定義として**開始記号**（start symbol）を決める必要があります。開始記号は，書き換え規則を適用する際に最初に使う非終端記号です。上記の例では，開始記号は〈S〉となります。

　以上，非終端記号，終端記号，書き換え規則，および開始記号の 4 つの要素により，文法の定義が可能です。これら 4 つの要素からなる文法を，**句構造文法**（phrase structure grammar）と呼びます。図 10.3 に上記の文法の例をまとめま

す。

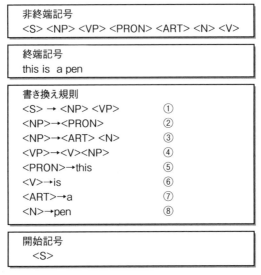

図 10.3　生成文法（文脈自由文法）による文法定義の例

　図 10.3 の文法を使って，実際に文を生成してみましょう。開始記号〈S〉から始めて，例えば以下のように書き換え規則を順次適用することで文を生成することができます。

$$\langle S \rangle \rightarrow \langle NP \rangle \langle VP \rangle \qquad ①$$
$$\rightarrow \langle PRON \rangle \langle VP \rangle \qquad ②$$
$$\rightarrow \langle PRON \rangle \langle V \rangle \langle NP \rangle \qquad ④$$
$$\rightarrow \langle PRON \rangle \langle V \rangle \langle ART \rangle \langle N \rangle \qquad ③$$
$$\rightarrow this\ is\ a\ pen \qquad ⑤⑥⑦⑧$$

　さて，句構造文法には，4 つの階層があることがチョムスキーにより指摘されています。最も制限の厳しい階層に属するのは**正規文法**（regular grammar）です。正規文法は，書き換え規則の矢印の左側には非終端記号が 1 つだけ置かれ，右辺は終端記号か，または，終端記号 1 つと非終端記号 1 つの並びだけが許されます。

　図 10.3 の文法では，正規文法における右辺の制限を取り除いた形式の文法を表現しています。このような文法を，**文脈自由文法**（context-free grammar）と

呼びます。文脈自由文法は正規文法に次ぐ階層に所属します。文脈自由文法は記述上強い制限を持った文法ですから，すべての言語を記述できるわけではありません。しかし文脈自由文法は，コンピュータプログラムで処理しやすいため，さまざまな場面で用いられています。

3番目の階層は**文脈依存文法**（context-sensitive grammar）です。文脈依存文法では，aAb→awb（ただしAは非終端記号，a, b, wは非終端記号か終端記号のいずれか）という形式の書き換え規則を使った文法です。最上位の階層には，制約のない一般の句構造文法が位置します。

● 10.1.2　構文解析の方法

生成文法による文法定義を使って，構文解析を行うこともできます。例えば図10.3の文法に，以下の項目を追加して，文「That is a desk.」を構文解析してみましょう。

追加項目
　　終端器号
　　that desk
　　書き換え規則
　　〈PRON〉→that　　　　　⑨
　　〈N〉→desk　　　　　　　⑩

構文解析では，まず，開始記号〈S〉から始めて，適用可能な規則を順に適用します。その結果を，与えられた文と逐次比較し，比較に失敗したらバックトラックして別の規則を適用します。この例でも，〈S〉から順に，以下のように書き換えを進めます。

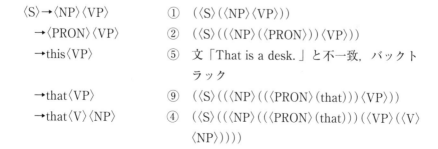

〈S〉→〈NP〉〈VP〉	①	(〈S〉(〈NP〉〈VP〉))
→〈PRON〉〈VP〉	②	(〈S〉((〈NP〉(〈PRON〉))〈VP〉))
→this〈VP〉	⑤	文「That is a desk.」と不一致，バックトラック
→that〈VP〉	⑨	(〈S〉((〈NP〉((〈PRON〉(that)))〈VP〉))
→that〈V〉〈NP〉	④	(〈S〉((〈NP〉((〈PRON〉(that))))(〈VP〉(〈V〉〈NP〉)))))

　→that is 〈NP〉　　　　⑥　(〈S〉((〈NP〉((〈PRON〉(that)))(〈VP〉((〈V〉
　　　　　　　　　　　　　(is))〈NP〉)))))

　→that is 〈PRON〉　　②　(〈S〉((〈NP〉((〈PRON〉(that)))(〈VP〉((〈V〉
　　　　　　　　　　　　　(is))(〈NP〉(〈PRON〉))))))

　→that is this　　　　⑤　文「That is a desk.」と不一致，バックト
　　　　　　　　　　　　　ラック

　→that is 〈ART〉〈N〉　③　((〈S〉((〈NP〉((〈PRON〉(that)))(〈VP〉
　　　　　　　　　　　　　((〈V〉(is))(〈NP〉(〈ART〉〈N〉)))))))

　→that is a 〈N〉　　　⑦　(〈S〉((〈NP〉((〈PRON〉(that)))(〈VP〉((〈V〉
　　　　　　　　　　　　　(is))(〈NP〉((〈ART〉(a))〈N〉)))))))

　→that is a pen　　　⑧　「That is a desk.」と不一致，バックトラック

　→that is a desk　　⑩　(〈S〉((〈NP〉((〈PRON〉(that)))(〈VP〉((〈V〉
　　　　　　　　　　　　　(is))(〈NP〉((〈ART〉(a))　(〈N〉
　　　　　　　　　　　　　(desk))))))))　「That is a desk.」と一致，
　　　　　　　　　　　　　解析終了

　上記の書き換えの過程では，書き換えの過程をリスト形式で記録しています。
例えば1行目では，〈S〉が〈NP〉と〈VP〉に書き換えられたことを，

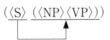

のように記録しています。この記法は，次の構文木と同じ構造を表しています。

$$〈S〉$$
$$〈NP〉\qquad〈VP〉$$

　2行目では，〈NP〉が〈PRON〉に書き換えられているので，

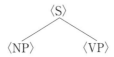

のように記録しています。

　上記の結果，与えられた文は，

(〈S〉((〈NP〉((〈PRON〉(that)))　(〈VP〉((〈V〉(is))　(〈NP〉((〈ART〉(a))
(〈N〉(desk))))))))

のように解析されました。これは，図10.4に示す構文木と同じものを表しています。

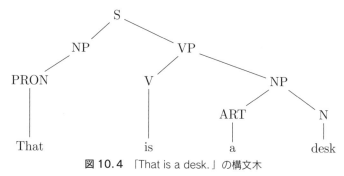

図 10.4 「That is a desk.」の構文木

10.2 自然言語の意味解析と応用

本節では，形態素解析と構文解析に続く自然言語解析の技術として，自然言語の意味解析について扱います。また，これらの応用として機械翻訳について述べます。

● 10.2.1 意味解析と意味の表現

形態素解析や構文解析の結果を用いると，意味解析が可能になります。意味解析では，文の意味を得て，適当な表現形式により意味を表現します。

自然言語文の意味の表現には，例えば**格文法（case grammar）**が用いられます。格文法では，動詞を中心として考え，動詞の動作主体や動作の対象などを格として取り上げて記述します。格には，動詞の動作主体を表す行為者格や，動作対象を表す対象格など，さまざまなものが提案されています。

● 10.2.2 機械翻訳

文の意味を得ることができれば，意味を介して2言語間の翻訳が可能となります。すなわち，図10.5に示すように，ある言語の文が与えられたら，自然言語処理の技術を用いてその意味を抽出します。次に，抽出した意味を利用して，対象言語の文法に従って文を生成します。

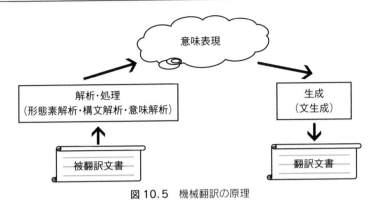

図 10.5　機械翻訳の原理

コラム　　　　　　　　　　　　　　　　　中国語の部屋

　中国語の部屋（Chinese Room）は，哲学者のサールが 1980 年に提起した，意味理解についての思考実験です。この実験では，小さな窓が 1 つだけある小部屋に，中国語を読み書きできない人が閉じ込められています。部屋の中には辞書があり，その辞書には，ある中国語の表記を別の中国語の表記に書き換える規則がたくさん書かれています。さてこの状況で，窓からは中国語の書かれたメモが入れられてきます。中に閉じ込められた人は，メモに書かれた中国語を辞書と照らし合わせて，書き換え規則に従って辞書に書いてある中国語をメモに写し，メモを窓から部屋の外に出します。

　以上の状況を部屋の外から観察すると，どのように見えるでしょうか。例えば，中国語の質問文をメモに書き込み，これを小さな窓から部屋に入れたとしましょう。すると，部屋の窓から中国語で書かれたメモが出てきます。部屋の窓に中国語で書いた質問文を入れると，中国語で書かれた返事が出てくるのですから，チューリングテストの意味で，部屋全体としては中国語を理解しているようには見えないでしょうか。しかし，部屋の中にいる人は中国語を理解できないのですから，中の人が理解しているということはありません。では，辞書が理解しているのでしょうか。あるいは部屋が理解しているのでしょうか。

　中国語の部屋はコンピュータの処理過程をモデル化したものです。つまり，中国語の部屋は，コンピュータが意味を理解できるかどうかということを考えるための思考実験です。この考察は，終章で述べる「強い AI」と「弱い AI」の議論にもつながっていきます。

　機械翻訳ではこの他に，大量の用例を辞書に登録することで定型的な翻訳を行う方法や，用例の組から統計的に翻訳ルールを抽出する統計的な翻訳のアプローチが取られることもあります。特に最近では，ビッグデータを用いた統計的な翻訳手法が広く用いられています。

章末問題

問題 1

図 10.3 の文法を用いて，次の文を生成してください。

　a pen is this.

問題 2

次の文法を用いて，文を生成してください。

```
非終端記号
〈S〉〈NP〉〈VP〉〈N〉〈V〉〈MOD〉〈ADJ〉〈ADV〉
```

```
終端記号
これは　　とても　　すばらしい　　ものです
```

```
書き換え規則
〈S〉→〈NP〉〈VP〉          ①
〈NP〉→〈N〉              ②
〈VP〉→〈MOD〉〈V〉         ③
〈MOD〉→〈ADV〉〈MOD〉      ④
〈MOD〉→〈ADJ〉           ⑤
〈N〉→これは             ⑥
〈ADV〉→とても           ⑦
〈ADJ〉→すばらしい        ⑧
〈V〉→ものです           ⑨
```

開始記号
〈S〉

問題3

次の文を，図10.3の文法を用いて構文解析してください。

A pen is a pen.

第11章 進化的計算と群知能

　本章では，生物集団の振る舞いを真似ることで知的な処理を実現する，二種類の計算手法を紹介します。はじめに，生物集団の進化を模擬することで計算を進める進化的計算手法を取り上げます。次に，生物集団の挙動を模倣することで最適化を行う手法である群知能（swarm intelligence）を取り上げます。

11.1　生物進化を模倣したアルゴリズムとは

　本節では，生物の進化について概観した上で，**進化的計算**（evolutionary computation）とは何かについて述べ，代表的な進化的計算手法を紹介します。

● 11.1.1　生物の遺伝と進化

　一般に生物は遺伝により，親から子へ，子から孫へと形質を受け継ぎます。このとき，親から子へ遺伝情報を伝える役割を担うのが**遺伝子**（gene）です。また，遺伝情報を実際に記録する物質を**染色体**（chromosome）と呼びます。我々地球上の生物の大部分は，染色体に含まれる DNA（Deoxyribonucleic acid）という物質に遺伝情報を記録しています。

　遺伝子は親から子へと伝えられますが，その過程で変化を受けることがあります。まず，有性生殖の過程では，両親の持つ同一遺伝子上の遺伝情報はシャッフルされて子に伝えられます。これは，それぞれの親の遺伝子が部分的に交換されてつなぎ合わされ，結果として遺伝情報が書き換えられたことを意味します。このような変化を**交叉**（crossing over）と呼びます（図11.1）。

　また，染色体に放射線や化学物質などの刺激が与えられることで，染色体に記録された遺伝情報が書き換えられてしまうことがあります。これは，遺伝子の**突然変異**（mutation）に相当します（図11.2）。

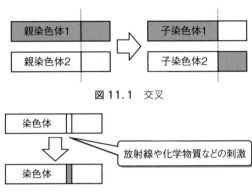

図 11.1 交叉

図 11.2 突然変異

遺伝子が変化すると，それに対応して生物の体や機能が変化します。その結果，ある個体が，その生物の生存する環境に対してより適応する能力を獲得すれば，その個体は子供を残し，遺伝情報は子孫に引き継がれるでしょう。逆に遺伝子の変化によって環境への適応力が低下すれば，その個体は淘汰されてしまい，遺伝子を後世に残すことができなくなります。こうして，より環境に適応する遺伝情報が生物集団の中に広がっていきます。これが，ダーウィン流の進化論です（図11.3）。

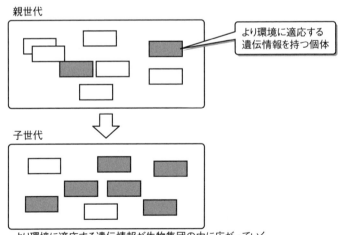

より環境に適応する遺伝情報が生物集団の中に広がっていく

図 11.3 進化と淘汰

● 11.1.2　進化的計算手法

　進化的計算の手法は，生物進化を模倣することで問題解決を図る計算手法です。進化的計算はさまざまな問題に適用できますが，ここでは**最適化問題（optimization problem）**を例にその考え方を説明します。

　最適化問題とは，ある制約の下で，ある関数を最大化あるいは最小化する解を見つける問題です。工学的問題には最適化問題がよく現れます。例えば，決められた工作機械だけを使ってなるべく素早く製品を作る工程最適化の問題や，配送先が決まっているときに配送トラックの道順を工夫してなるべく燃料と時間を節約する配送最適化問題，あるいは配線材料をなるべく節約して回路の配線を行う配線最適化問題などは，最適化問題の典型例です。

　最適化問題を進化的計算で解くには，問題の解を遺伝子として，適当な染色体として表現します。そして，複数の個体にそれぞれ異なる染色体を与えます。その上で，染色体に対して交叉や突然変異などの遺伝的操作を加えます。こうして生成された次世代の染色体候補について，与えられた制約に基づいて染色体上の遺伝情報を評価し，その評価結果により個体を淘汰します。これを繰り返して世代交代を進めることで，より良い遺伝子を手に入れます（図 11.4）。

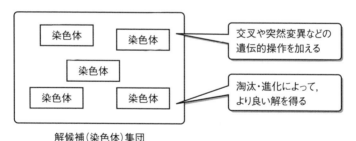

解候補（染色体）集団

図 11.4　進化的計算による最適化問題の解法

　図 11.4 の染色体の表現は，問題によってさまざまです。例えば配送最適化問題であれば，配達先を配達順に並べたリストが染色体となるでしょう。この染色体を複数用意し，それぞれの染色体上の遺伝情報を，配送シミュレーションによって評価します。その結果，染色体ごとに燃料や配達に要する時間が計算できます。その結果に従って，より良い配送順となった染色体を残し，悪いものは淘汰します。さらに，残った染色体同士で交叉や突然変異などの遺伝的操作を行い，子供世代の染色体を作ります。これを繰り返すことで，集団全体としての進化が

進みます。

　進化的計算の手法には，さまざまなものが提案されています。代表的な進化的計算手法には，**遺伝的アルゴリズム**（genetic algorithm）や**遺伝的プログラミング**（genetic programming）があります。これらについては，次節で紹介します。また，進化的計算と同様に，生物集団の挙動を模倣することで最適化を行う手法として，群知能の考え方があります。群知能には，粒子群最適化法や蟻コロニー最適化法，あるいは AFSA などがあります。群知能については，11.3 節で説明します。

11.2　遺伝的アルゴリズム

● 11.2.1　遺伝的アルゴリズムの枠組み

　遺伝的アルゴリズムは，解候補を染色体として表現し，染色体の集団に対してそれぞれ遺伝的操作を加えることで，集団として最適化を進める手法です。図11.5 に典型的な遺伝的アルゴリズムの処理手順を示します。

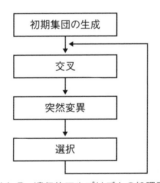

図 11.5　遺伝的アルゴリズムの処理手順

　遺伝的アルゴリズムでは，複数の解候補を用意し，それらに遺伝的操作を加えることで解を探索します。そのため，処理手順の最初に，適当な個数の染色体（解候補）をランダムに生成します。

　その後，次世代の染色体集団を作成する手順に進みます。交叉では，ある基準によって染色体集団から親となる染色体を一組選び出し，それらを適当な箇所で

つなぎ直すことで遺伝子を組み換えます。親の選択と交叉を複数回繰り返すことで，適当な個数の次世代染色体候補を作り出します。

　交叉の方法には，ある1点を境として前後の染色体を組み替える一点交叉や，複数の点を境として組み替える多点交叉，あるいはある確率で部分ごとに組み換えを行う一様交叉などの方法があります（図11.6）。

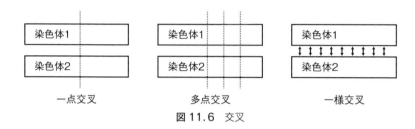

図11.6　交叉

　次に，作り出した染色体に対して，突然変異を施します。突然変異にはさまざまな方法がありますが，例えばある確率で遺伝子の一部分を書き換える点突然変異や，染色体の2か所を入れ替える転座などがあります（図11.7）。

図11.7　突然変異

　以上の遺伝的操作の実施後，適当な基準に従って次世代の染色体を選び出します。この操作を選択と呼びます。

　こうして次世代の染色体群が作られたら，また交叉や突然変異，選択といった操作を繰り返します。この過程で集団全体としての評価が向上していきます。遺伝的アルゴリズムでは最適な解が得られる保証はありませんので，繰り返しの終了には，例えば集団全体としての評価値の変化が見られなくなった場合などの条件を設定します。

　遺伝的アルゴリズムでは，一般に染色体の表現には単純な文字列を用います。これに対して遺伝的プログラミングでは，染色体として，木構造などの構造を持ったデータを用います。遺伝的プログラミングはより柔軟なデータ表現について進化的計算を適用するのに向いていますが，遺伝的操作は複雑になる傾向があり

ます。

● 11.2.2 遺伝的アルゴリズムの挙動

ここでは，簡単な例題を使って遺伝的アルゴリズムの挙動を説明しましょう。最適化の例題として，次のようなパズルを考えます。

パズル 「秘密の2進数を当てましょう」

　秘密にされている8桁の2進数を当てましょう。解答者は，出題者に8桁の2進数を提示します。出題者はヒントとして，出題者から提示された2進数が，正解の2進数と何桁一致しているかを教えます。質問を繰り返すことで，秘密の2進数を当てましょう。

このパズルで，遺伝的アルゴリズムを使って秘密の2進数を求めることを考えます。なお，ここでは，正解となる秘密の8桁の2進数は次の値であるとします。

$$1111\ 0000$$

まず染色体の表現方法として，ここでは素直に8桁の2進数を用います。また染色体集団の大きさは4個としましょう。交叉は一点交叉，突然変異は点突然変異とします。以下，初期集団の設定から始めて，子世代，孫世代を順に生成します。

(1) 初期集団の設定
初期集団は乱数で設定しますが，例えば以下のようになったとしましょう。

初期集団　　01100111（3）
　　　　　　10111011（4）
　　　　　　10001100（3）
　　　　　　01010111（3）
集団の平均値　　（3＋4＋3＋3）/4＝3.25

各行末尾の括弧内には，正解の2進数と何桁一致しているかを示しました。この値は，各染色体の評価値となります。評価値の最小値は0で，最大値は正解と一致したときの値で8となります。集団全体の評価値の平均値は，3.25 です。

(2) 子世代の生成

初期集団の染色体を使って，交叉により子世代の染色体候補を作成します。そのためには，親を選び出します。親を選ぶには，基本的には評価値の高いものを優先して選びます。しかし遺伝情報の多様性を維持することが進化には必須なので，低い確率で評価値の低いものも選ばれるような仕組みが必要です。ここでは，図11.8のように親が選ばれ，点線で示した部分で一点交叉が行われたとします。結果として，図にあるような6個の染色体が生成されます。

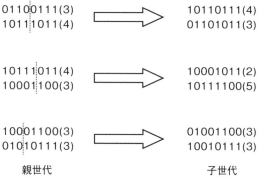

図11.8 交叉による子世代染色体候補の生成

図11.8の結果に，さらに点突然変異を加えます。結果として，例えば上記子世代の最後の染色体が次のように変化したとしましょう。

10010111(3) ⟹ 00010111(2)

これで子世代の候補が出来上がりました。次に選択を行います。ここでも，多様性を維持しつつ評価の高い染色体を残す必要があります。ここでは，図11.9のように4つの染色体を選択したとしましょう。

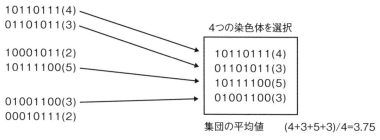

図11.9 子世代染色体の選択

この結果，子世代における評価値の平均値は 3.75 となりました。

(3) 孫世代

　子世代と同様にして，孫世代の染色体を生成します。図 11. 10 に交叉と突然変異の様子と，選択の結果を示します。

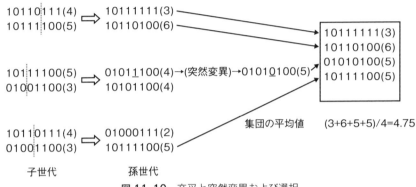

図 11.10　交叉と突然変異および選択

　以上の結果，孫の世代の評価値は平均 4.75 に向上しています。このように，遺伝的アルゴリズムでは，世代を経るごとに集団全体としての評価が向上していくことが期待されます。

　以上，ここでは非常に簡単なパズルを例として遺伝的アルゴリズムを説明しました。実際の工学的問題に適用する場合には，問題ごとに遺伝的アルゴリズムのパラメタを設定する必要があります。例えば染色体の表現方法や染色体の個数，あるいは交叉・突然変異など遺伝的操作の方法，繰り返しの回数や繰り返し終了条件などは，問題の性質ごとに実験的に決定する必要があります。

11.3　群知能とは

● 11.3.1　生物の群れの挙動

　生物の集団が群れを形成して行動する際，個々の生物は単純な行動ルールに従っているだけなのに，群れ全体としては知的な行動が取られることがあります。例えば，鳥や魚の群れは障害物を回避する際でも巧妙に群れの形を保ちますし，

蟻の群れは餌場と巣の間のルートを巧妙に確立します。これらの現象は，群れを構成する生物個体は単純なルールに従って行動しているにもかかわらず，群れ全体としては知的な行動が観察される例です（図11.11）。

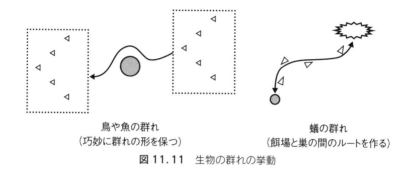

鳥や魚の群れ　　　　　　　　　蟻の群れ
（巧妙に群れの形を保つ）　（餌場と巣の間のルートを作る）

図 11.11　生物の群れの挙動

　群知能（swarm intelligence）では，こうした生物集団が見せる知的行動を利用して，さまざまな問題の解決を図ります。群知能にはさまざまな手法がありますが，基本的には，単純なルールで行動する生物を複数集めて集団を作り，集団全体として問題の解を求められるようにシミュレーションを進めます。

● 11.3.2　群知能の実現

　ここでは，群知能の一種である**粒子群最適化法**（particle swarm optimization）を例にして，群知能による問題解決の概要を説明します。

　粒子群最適化法は，動き回る生物の群れの挙動をシミュレートすることで問題の解を求める群知能アルゴリズムです。粒子群最適化法では，シミュレートする個々の生物を粒子と見なします。群れを構成する粒子は，それぞれが問題の解候補を表現しています。

　粒子は解空間と呼ばれる空間内で，ある時刻に特定の位置に存在します。また粒子は解空間の中を動き回るので，ある移動速度を持っています。粒子は解候補ですから，解空間の位置に応じて，解としての評価値を得ることができます。粒子群最適化法では，粒子の集団を解空間の中で動き回らせることで，より良い評価値を得る解を探索します。

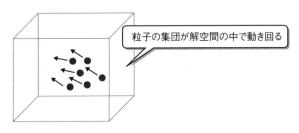

図 11.12　粒子群最適化法

　図 11.12 のような設定で，粒子がそれぞれ独立に解空間をでたらめに飛び回る
と，ランダム探索となります。これに対して粒子群最適化法では，粒子同士が群
れを作って「良さそうな方向」に移動することで，探索の効率を高めます。群れ
を作るために，粒子群最適化法では，過去に群れ全体として最も評価の高かった
解候補の位置と，そのときの評価値の記憶を用います。そして，これらの周辺で
解を探すように粒子の速度を調整します。このとき，それぞれの粒子自身が過去
に最も評価が高くなった解候補位置も考慮に入れます。これらの具体的な方法は
次節で紹介します。

　生物集団の挙動をシミュレートするという意味で類似の考え方で探索を行う手
法に，**蟻コロニー最適化法**（ant colony optimization）や **AFSA**（Artificial Fish
Swarm Algorithm）があります。蟻コロニー最適化法では，蟻が餌場を見つけた
際にフェロモンを使って群れを誘導する仕組みをシミュレートすることで，最適
化問題の解を与えます。また AFSA では，捕食や追尾といった，魚群において
個々の魚が取る動きをシミュレートすることで最適化を図ります。

11.4　粒子群最適化法

　粒子群最適化法を利用して最適化を実行するためには，まず，解空間を定義す
る必要があります。この際，解がいくつの変数で記述されるかによって，解空間
の次元が決まります。例えば解が 3 つの変数で決められるならば解空間は 3 次元
となりますし，10 個の変数で表現されるならば 10 次元となります。

　粒子は，解空間の中である座標位置を占めます。座標が決まると，それに対応
する評価値を求めることができます。図 11.13 に，変数が 2 個で解空間が 2 次元

（平面）の場合の例を示します。

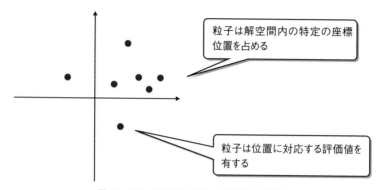

図 11.13 解空間と粒子（2 次元の場合）

　粒子は，解空間の中を移動することで，より良い解を探します。このため，粒子にはある速度が与えられます。粒子群最適化法では，時刻 0 の初期状態から始めて，時刻の経過に従って粒子を移動させます。このとき，より良い解がなるべく素早く求まるように，移動速度を時々刻々変化させます。変化の方針として，次の 2 点を考えます。

（1）過去に自分が到達した最良評価値を与える位置の周辺に向かう
（2）群れ全体としてそれまでの最良評価値を与える位置の周辺に向かう

　ただし，これらにある程度の揺らぎを与えることで，より良い解の探索を実現します。

　時刻が t から $t+1$ に進む際の，粒子の位置更新の具体的な計算方法は次式のとおりです。

$$v_{t+1} = w \cdot v_t + c_1 \cdot r_1 \cdot (\mathrm{bpos} - \mathrm{pos}_t) + c_2 \cdot r_2 \cdot (\mathrm{gbpos} - \mathrm{pos}_t) \quad \text{①}$$

$$\mathrm{pos}_{t+1} = \mathrm{pos}_t + v_{t+1} \quad \text{②}$$

ただし，

$\quad v_t$：時刻 t における速度

$\quad \mathrm{pos}_t$：時刻 t における位置

$\quad w$：慣性定数

$\quad c_1$：ローカル質量

$\quad c_2$：グローバル質量

r_1, r_2：乱数（$0 \leqq r_1 < 1$,　$0 \leqq r_2 < 1$）

　bpos：過去に自分が到達した最良評価値を与える位置

gbpos：群れ全体としてそれまでの最良評価値を与える位置

　上式①，すなわち速度 v の更新式において，第2項は，上記方針（1）の「過去に自分が到達した最良評価値を与える位置の周辺に向かう」に対応しています。また，第3項は，上記方針（2）の「群れ全体としてそれまでの最良評価値を与

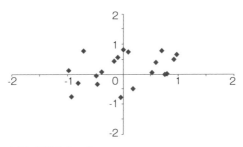

(1)初期状態($t=0$)

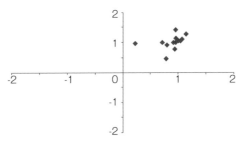

(2)最適化の過程($t=10$)

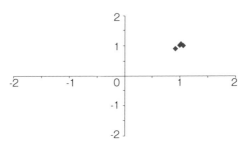

(3)最適化が進んだ状態($t=50$)

図11.14　粒子群最適化法を使って2次元解空間における最適化を実施した例

える位置の周辺に向かう」を実現するための計算です。これらの働きにより，粒子群は次第に最適解の周囲に集まっていきます。図11.14に，粒子群最適化法を使って2次元解空間における最適化を実施した例を示します。

　図11.14では，例として下記の関数 $f(x, y)$ の最小値を求めています。この関数は（1, 1）で最小値1をとります。

$$f(x, y) = (x-1)^2 + (y-1)^2 + 1$$

　図11.14で，（1）の初期位置は乱数で与えていますので，粒子はバラバラに配置されています。粒子群最適化法に従って粒子の速度と位置を更新することで，解空間内の座標(1, 1)に向けて粒子が集まっていきます。（3）の状態では最適化が進んでいるため，多くの粒子は重なって表示されています。

コラム　　**目の前で「進化」するモンスターって何なんだろう？**

　子供向けアニメや漫画では，見ている前でモンスターが「進化」するという描写を見受けることがあります。でも，目の前でみるみるうちに進化することはあるのでしょうか。

　本文で述べたように，進化は個体に表れるのではありません。環境との相互作用で獲得した形質が，集団全体に蓄積されていくことで進化が進みます。また，進化は世代交代によって進みますから，個体が目の前で進化することはありませんし，世代交代には時間がかかりますから，生物の進化を実験的に直接観察するのは容易ではありません。

　もし目の前である個体が大きな変化を遂げるのであれば，たぶんそれは進化ではなく，「変態」でしょう。変態は，昆虫のサナギが成虫になるような変化のことですから。

章末問題

問題1

　本文で示したパズルについて，曾孫世代の染色体集団を生成してみてください。

問題 2

遺伝的アルゴリズムの選択操作では，ルーレット選択と呼ばれる方法が用いられることがあります。ルーレット選択について調べてください。

問題 3

粒子群最適化法による最適化アルゴリズムを，任意のプログラム言語でプログラムとして表現してください。

問題 4

蟻コロニー最適化法について調べてみてください。

第12章　エージェントシミュレーション

　本章では，自律エージェントの概念を用いたシミュレーションの方法を紹介します。話題として，セルオートマトンやエージェントシミュレーション，人工生命などを取り上げます。

12.1　セルオートマトンとエージェントシミュレーション

　エージェントシミュレーションでは，内部状態や行動知識を持ったエージェントが，環境や他のエージェントと相互作用します。この過程でエージェントは自分自身の内部状態や環境に変化を与えます。本節ではまずエージェントシミュレーションの原理を考えるために，セルが相互作用することで互いに変化を生じさせるセルオートマトンの概念を紹介します。その後セルオートマトンの発展形として，エージェントシミュレーションの原理を説明します。

● 12.1.1　セルオートマトンの概念

　セルオートマトン（cellular automaton）は，内部状態を持ったセルが，ある

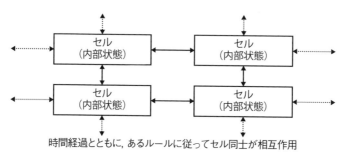

時間経過とともに，あるルールに従ってセル同士が相互作用

図12.1　セルオートマトンの概念（2次元セルオートマトンの一例）

ルールの下で他のセルと相互作用しながら時間的に変化するシステムです。図12.1にセルオートマトンの概念を示します。第2章でも紹介したように、セルオートマトンはノイマンらが提唱した手法であり、エージェントシミュレーションの基礎となる技術の1つです。

　図12.1にあるように、セルオートマトンの世界では、複数のセルがある規則に従って空間的に配置されます。配置の方法はさまざまであり、例えば直線的にセルを配置する1次元セルオートマトンや、平面上にセルを配置する2次元セルオートマトンなどがあります。

　セルオートマトンの世界では、離散化された時刻が経過します。このとき、あるセルと、そのセルと隣接することで相互に影響を及ぼすセルとの内部状態に従って、セルの次の時刻における内部状態が変化します。内部状態はさまざまな設定が可能ですが、最も単純な場合は0または1の2状態です。

　例えば、今、2状態のセルを考えます。そして、7つのセルが1次元に配置され、初期状態の時刻 t_0 でそれぞれのセルが図12.2のような状態であったとします。図では、中央のセルが状態1であり、それ以外の6つのセルは0としています。

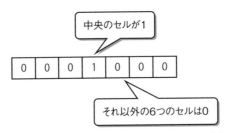

図12.2　1次元2状態セルオートマトンの例

　セルは隣り合うセルと相互作用するとしましょう。自分自身と、両隣のセルの様子がどうであるかに従って、次の時刻でのセルの状態があるルールに従って変化するとします。

　ルールにもさまざまなものが考えられますが、ここでは単純に、表12.1に示すようなものを考えます。表12.1のルールは、時刻 t_i で中心にある自分自身と両隣のセルがある状態のとき、時刻 t_{i+1} で自分がどのような状態になるかを記述しています。表12.1で、例えば時刻 t_i で中心にある自分自身と両隣のセルがすべて1、つまり状態111ならば、時刻 t_{i+1} では自分の状態が0となります。同様に、時刻 t_i で左隣のみが1である状態100では、時刻 t_{i+1} では自分の状態が1と

なります。

表 12.1　状態遷移ルールの例

パターン	t_{i+1} での状態
111	0
110	0
101	0
100	1
011	0
010	0
001	1
000	0

　このルールを使って図 12.2 の t_0 から各セルの状態を計算すると，図 12.3 のような時間発展パターンが得られます。

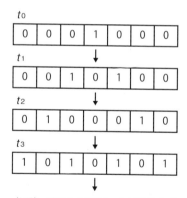

（以降，時間と共にパターンが変化する）

図 12.3　1 次元 2 状態 3 近傍セルオートマトンにおける時間発展

　セルの数を増やして図 12.3 の計算を進めると，図 12.4 のような規則的なパターンが生まれます。図 12.4 では，初期時刻 t_0 のパターンから各時刻のパターンを，上から下へと並べて描いています。またパターンを見やすくするために，状態 0/1 を記号 "．" および "＊" に置き換えています。

　このようにセルオートマトンでは，単純なセルが単純なルールにより相互作用

することで，全体として複雑な挙動を生じさせます。この特性を利用して，セル
オートマトンは生命現象や物理現象のシミュレーションなどに用いられています。

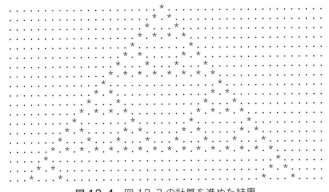

図12.4　図12.3の計算を進めた結果

● 12.1.2　エージェントシミュレーションの概念

エージェントシミュレーション（agent simulation）は，セルオートマトンや
群知能の考え方と共通点の多いシミュレーション技法です。エージェントシミュ
レーションでは，さまざまな内部状態と規則を持つことのできる主体として**エー
ジェント（agent）**を考えます。エージェントは，セルオートマトンにおけるセ
ルや粒子群最適化法における粒子を，より一般化したものと考えることができま
す。

エージェントは，自分自身の内部状態や動作規則を持っています。エージェン
トは外部の環境や他のエージェントと相互作用します。エージェントの世界は，
初期時刻 t_0 から離散的に時間が経過します。時刻の経過に従って，各エージェ
ントと環境の様子が変化します（図12.5）。

エージェントシミュレーションではセルオートマトンの場合と同様に，単純な
エージェントの集団が複雑な挙動を示します。このことを利用して，エージェン
トシミュレーションは，ある設定の下で集団がどのような挙動を取るかを調べる
ことに利用されます。その結果として，集団行動がどのように生じるのかを理解
したり，ある状況で集団がどのような挙動を取るのかを予測したりすることに利
用されます。

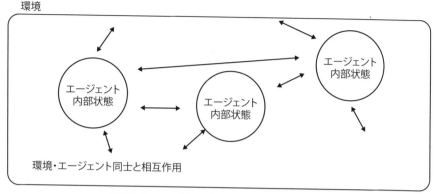

環境

環境・エージェント同士と相互作用

図 12.5 エージェントシミュレーションの概念

12.2 エージェントシミュレーションの応用

本節では，エージェントシミュレーションの応用例や，エージェントシミュレーションの人工生命への応用について述べます。

● 12.2.1 集団行動の理解と予測

エージェントシミュレーションを用いることで，集団行動の理解や予測が可能です。例えば，人間の集団がどのように行動するのか，あるいは，ある条件下でどのような社会現象が生じるのかなどをシミュレートすることができます。

エージェントシミュレーションの一つの例として，集団の動作を解析するシミュレーションを考えます。例えば，災害時に室内から外へ大勢の人間が避難する場合を考えましょう。この例では，避難行動をとる人間をエージェントで表現します。室内での人間の移動行動や移動戦略をエージェントに知識（動作ルール）として与えます。また，避難行動の舞台となるある一室をシミュレーションの環境として設定します。このエージェントを，室内の適当な場所に配置し，初期時刻 t_0 からシミュレーションを実施します（図 12.6）。部屋や動線の形状や出入口の配置や幅，あるいは室内の什器の配置などの環境が，どのように避難行動に影響を与えるのかを調べたり，エージェントの初期配置位置や人数が避難行動にどう影響を与えるのかを予測することなどが可能です。

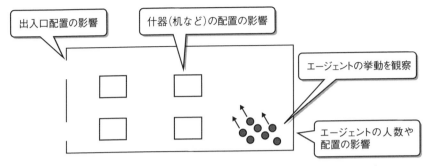

図 12.6 エージェントシミュレーションによる避難行動の理解と予測
(部屋からの脱出の例)

社会現象へのエージェントシミュレーションの応用例として，例えば都市工学における自動車の交通流解析への適用例があります。自動車をエージェントとしてシミュレーションを行うことで，道路や信号などの設計・設定が交通流にどのような影響を与えるかを解析します。

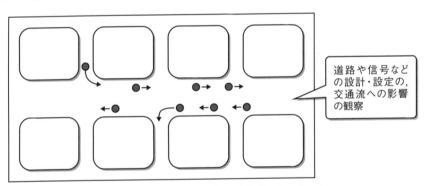

図 12.7 交通流のエージェントシミュレーション

● 12.2.2 エージェントシミュレーションと人工生命

人工生命（artificial life, Alife）は，生命そのものを人工的に生み出そうとする研究分野です。その方法にはさまざまなものがあり，例えば遺伝情報を人工的に作り出してタンパク質合成のレベルから生命を生み出そうとしたり，体を持った自律エージェントによって生命の活動を模擬する試みなどがあります（後述）。さまざまなアプローチの1つに，ソフトウェアによって生命を模擬することで人工生命を実現するという方法があります。このアプローチには，本書でも既に紹

介したニューラルネットや進化的計算，群知能，あるいはセルオートマトンなどが含まれるほか，エージェントシミュレーションによる方法も含まれます。

　エージェントシミュレーションによる人工生命の実現においては，エージェントに生物的な側面を与えて，エージェントの挙動をシミュレートします。例えばエージェントシミュレーションに進化的計算の手法を加えることで，人工生命の進化を実現します。また，エージェントと環境との相互作用で生物と環境とのやり取りを模擬することで，人工生命の生態系を観察します。

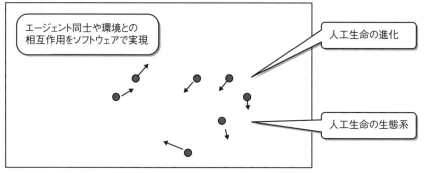

図12.8 エージェントシミュレーションによる人工生命

コラム

RoboCup

　RoboCup は，日本発のエージェントベース人工知能プロジェクトです。Robo-Cup の web サイトによると，RoboCup は 2050 年に人間のサッカーチームと対戦して勝利することを目標としたプロジェクトだそうです。RoboCup では，1992 年のプロジェクトの開始当初から，自律型サッカーロボットやソフトウェアエージェントがそれぞれサッカーの対戦を行う「ロボカップサッカー」が競技会形式で開催されています。それだけでなく，災害への対応をエージェント技術を応用して実現しようとする「ロボカップレスキュー」や，次世代の担い手を育てることを目的とした「ロボカップジュニア」，RoboCup の技術を日常生活で役立てる「ロボカップ@ホーム」などが進められています。

写真　ロボカップサッカー　中型ロボットリーグ　サッカーロボット
　　　（福井大学　前田・高橋研による）

章末問題

問題1

　ライフゲームと呼ばれる，2次元2状態セルオートマトンシステムがあります。ライフゲームは，以下のようなルールに従って，時刻とともに状態が更新されます。

> **ライフゲーム（2次元2状態セルオートマトン）の状態更新**
> セルの状態は0または1の2状態とする。
> 時刻 t_k におけるあるセル a の周囲8セルの状態の和を s_k とし，以下のルールにより時刻 t_{k+1} におけるセルの状態を決定する。
> (1) $s_k=3$ のとき→状態1
> (2) $s_k=2$ のとき→状態変化なし
> (3) 上記以外のとき→状態0

　このとき，以下のようなセルの配列が時刻とともにどう変化するか計算してください。ただし，下記に示したセルの外側には，時刻 t_0 の初期状態において，状態0のセルが2次元的に敷き詰められているものとします。

(1)

0	0	0
1	1	1
0	0	0

(2)

1	0	0
0	1	0
0	0	0

(3)

0	0	0	0	0
0	1	1	1	0
0	1	0	1	0
0	1	0	1	0

問題2

　エージェントシミュレーションを用いて感染症拡大のシミュレーションを実施する場合の，シミュレーションの設定について考えてください。

第13章　自律エージェント

　本章では，自律エージェントのうちでも，実体を伴う人工的な自律エージェントについて述べます。本章で扱う実体を伴う自律エージェントは，一般にはロボットと呼ばれるものです。

13.1　実体を持つ自律エージェント

　本節では，実体を伴う自律エージェントの構成方法について説明します。

● 13.1.1　ロボットの構成

　はじめに，実体を伴う自律エージェントであるロボットの構成方法を検討します。自律エージェントであるロボットは，ソフトウェアエージェント同様，内部状態を持ちます。また，外界と相互作用することで，自分自身の内部状態を変更し，外界に存在する他のエージェントや環境に影響を与えます（図13.1）。
　外界との相互作用を行うために，自律エージェントはセンサとアクチュエータを有します。センサには，視覚や触覚，接触センサなどの他，赤外線や超音波を用いた距離センサ，傾きや加速度を検出する加速度センサなどを用います。アク

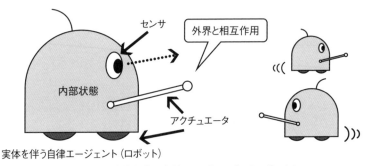

実体を伴う自律エージェント（ロボット）

図13.1　実体を伴う自律エージェント（ロボット）

チュエータには，軽量で制御が容易な電動アクチュエータ（モーター）や，空気圧や油圧によるアクチュエータがあります。

表 13.1 ロボットで用いるセンサの例

分類	名称	説明
視覚	カメラ	外界の映像の取得
	明暗センサ	明るさの取得
触覚	タッチセンサ	機械的な接触の検出
	圧力センサ	接触圧力の取得
距離	赤外線センサ	赤外線による距離測定
	超音波センサ	超音波による距離測定
その他	加速度センサ	加速度や傾きの取得
	速度センサ	速度の取得
	角度センサ	回転角などの角度を検出
	位置センサ	位置の検出（GPS など）

表 13.2 ロボットで用いるアクチュエータの例

駆動源	名称	説明
電気	モーター	電気エネルギーを回転のエネルギーに変換する。軽量でパワーがあり，制御が容易。
	リニアモーター	モーターの一種。電気エネルギーを直線上の運動に変換する。
	ソレノイド	電磁石によるアクチュエータ。
空気圧	空気圧シリンダ	圧縮空気を用いてシリンダを動かす。直線運動のほか，回転運動を行うものもある。
油圧	油圧シリンダ	油圧によってシリンダを動かす。大きなパワーを得ることができるが，メンテナンスが煩雑。

● 13.1.2　自律エージェントと AI

　ロボットは，各部分を集めて組み上げただけでは動きません。自律エージェントとして動作させるには，センサとアクチュエータを組み合わせ，知的な制御を実現する必要があります。このために AI の研究領域として，**ロボットビジョン**（robot vision）や**運動制御**（motion control），**運動計画**（motion planning）あるいは**プラニング**（planning）といった，ロボット固有の研究領域が発展しています。

　ロボットビジョンは，ロボットが外界の様子を把握することを目的として，画像の特徴抽出や画像認識などの処理を行う技術です。ロボットビジョンの対象とする物体は，ロボットとの相対位置やロボットに向いている面，あるいは物体への光のあたり方などが時々刻々と変化します。さらに，物体自体が変形するなどの変化を生じる可能性もあります。ロボットビジョンではこうした制約の下，処理をリアルタイムで進める必要があります。このため，一般の画像認識問題と比較してロボットビジョンはより困難な環境で処理を進める必要があります。

　ロボットの運動制御は，ロボットを目標に沿って運動させるために必要となる制御のことを意味します。具体的には，ロボットアームをどう制御して物体を持ち上げて移動させるか，脚をどのようにうまく制御して2足や4足で歩行させるかなどといった問題を扱います。ロボットビジョンの場合と同様，ロボットの運動制御はリアルタイムで処理しなければなりません。さらに，ロボットの運動計画あるいはプラニングにおいては，目的とする行動を行うための運動の手順などを計画します。

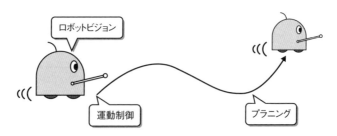

図 13.2　自律エージェントの AI 技術

13.2 新しい AI

　本節では，自律エージェントが外界との相互作用を通して知的行動を行うという，新しい AI の考え方に基づくシステム構成手法を紹介します。

● 13.2.1 新しい AI と自律エージェント

　前節で述べたように，自律エージェントが実世界で行動するためには，認識や計画，制御，外界のモデル化など，さまざまな計算処理が必要となります。これに伴い，実世界で行動する自律エージェントには，強力な計算能力が要求されるとともに，極めて複雑な制御機構を作り込む必要が出てきます。

　しかしこのようにして構成する自律エージェントは，外界の環境の変化に敏感になり，ちょっとした外界の変化にもうまく対応できなくなる危険性が出てきます。さまざまな変化に対応しようとするとますます計算が複雑になり，リアルタイムの計算処理ができなくなってしまいます。この問題は，終章で紹介するフレーム問題につながる問題です。

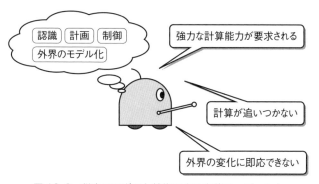

図 13.3　従来のロボット技術による自律エージェント

　新しい AI は，実世界で行動する自律エージェントの構成方法として提案された人工知能技術です。従来の AI が記号処理に立脚するものであるのに対し，新しい AI ではエージェントと外部環境との相互作用によって知的な処理を進めます。このため，あらかじめ複雑な制御機構を作り込む必要がなく，外界の認知やモデル化に大きな計算機パワーを必要とすることがありません。さらに，環境の変化に対して頑強なシステムを構成することができます。

図13.4　新しいAIによる自律エージェント

　新しいAIによる自律エージェントの構成においては，自律エージェントが外界との相互作用を行うことが知性発現の鍵となっています。このことから，知的な自律エージェントは身体を持つことが必須の条件です。この意味で，こうした考え方を**身体性認知科学**（embodied cognitive science）と呼びます。

● 13.2.2　サブサンプションアーキテクチャによる自律ロボットの構成例

　相互作用を積極的に行うために，新しいAIでは**サブサンプションアーキテクチャ**（subsumption architecture）によって自律エージェントを構成します。サブサンプションアーキテクチャは，階層構造を持ったロボット制御アーキテクチャです。サブサンプションアーキテクチャでは，ロボットの制御機構を構成する各階層が，並列的に処理を進めます。上位の階層は，下位の層に対して，必要に応じて影響を与えることができます。サブサンプション（subsumption）は日本語で「包摂」と訳しますが，これは，ある概念が別の概念を包み込むことを意味する論理学の用語です。

　図13.5に，サブサンプションアーキテクチャの構成例を示します。図では例として，3階層の制御構造を有する移動ロボットの例を示しています。

　図で，最下層は反射的な行動を実装する層です。つまり，センサからの入力に対して，単純なルールに従ってアクチュエータを動かします。移動ロボットの例で言えば，例えばロボットを前進させる動作をコントロールします。この場合，特に前進を遮る理由がなければ，下層の制御機構によりロボットは前進を続けます。

　中間層は，何らかの理由で下位層の行動が続けられなくなった場合の処理を担当します。例えば移動ロボットの場合では，障害物への衝突の回避を担当します。例えばセンサからの入力が障害物を感知すると，中間層は下層に対して制御信号を与え，回転や旋回運動をすることで衝突を回避します。

　上位層は，自律エージェントの動作目的を達成するための制御を行います。例えば移動ロボットをどこからどこへ動かすのかといった移動計画を実現するのが上位層の役割です。このために上位層は，より下位の層に対して必要な制御を施します。

図 13.5　サブサンプションアーキテクチャによるロボットの構成例

　上の例では階層構造は3階層としましたが，一般のサブサンプションアーキテクチャでは階層構造の数に制限はありません。ロボットの目標達成に適切な数の階層を与え，下層から上層に向けてボトムアップに層構造を構成するのが，サブサンプションアーキテクチャの設計方法です。

　サブサンプションアーキテクチャによるロボットは，実世界でうまく動作することができるため，例えば掃除ロボットの構成に応用されています。また，他惑星の探査ロボットのような，物理的に人間がコントロールすることができないような場合のロボット制御にも応用されています。

フィクションの中の AI

　実体を伴う自律エージェントは，小説や映画などの「フィクション」の中にも頻繁に描かれます。現代日本で生活している人なら誰でも知っている例としては，例えば鉄腕アトムやドラえもんが挙げられるでしょう。鉄腕アトムは1950代中頃から発表された作品ですし，ドラえもんですら最初に作品が雑誌に掲載されたのは1970年代初頭ですから，日本の社会はずいぶん昔から自律エージェントを受け入れていたことになります。

　鉄腕アトムよりさらに早い時代に，SF作家のアイザック・アシモフは，ロボットについてのSFを多数発表しています。1950年に刊行された『我はロボット（*I, Robot*）』という作品集では，「ロボット三原則」と呼ばれるロボットの基本行動原則が示されています。ロボット三原則は，「ロボットは人間に危害を加えてはならない」，「ロボットは人間の命令に服従しなければならない」，「ロボットは自己を護らねばならない」と定めた行動原則です。

　ロボット三原則に従えばロボットは人間に危害を加えないはずですが，フィクションの中の自律エージェントはしばしば人間を危機に陥れます。1968年に公開された映画『2001年宇宙の旅（*2001: A Space Odyssey*）』には，ある事情から人間に従うことができなくなったコンピュータであるHAL9000が登場します。現在のところ，現実の世界には，意図的に人間に反乱を起こすような自律エージェントは存在しないようです。しかし，人類社会が技術的特異点（シンギュラリティ）を迎えた後に登場するとされる「人工知能」がどうなるかは，誰にもわかりません。

章末問題

問題1

　白い床に描かれた黒線に沿って自律走行を行うライントレースロボットを作りたいと思います。必要となるセンサやアクチュエータ，制御機構を挙げてください。

問題2

　サブサンプションアーキテクチャに基づいて部屋掃除ロボットの制御機構を実現するとしたら，どのような構成方法が考えられるでしょうか。

第14章 ディープラーニング

　本章では，ディープラーニング（深層学習）について述べます。第1章で述べたように，ディープラーニングはニューラルネットワーク（第8章参照）を発展させた技術です。以下では，ディープラーニングとは何かを説明した上で，ディープラーニングの具体的な技術を紹介します。

14.1　ディープラーニングとは

　ディープラーニングは，従来一般的に利用されていたニューラルネットを大規模化し，ビッグデータに代表される大規模なデータを対象とすることを可能とした，先進的なニューラルネット技術の総称です。ここでは，ディープラーニングが従来のニューラルネットとどう違うのかや，ディープラーニングを構成する技術について説明します。

● 14.1.1　ニューラルネットワークとディープラーニング

　1980年代にバックプロパゲーションが定式化されて階層型ニューラルネットの学習がさかんに研究されるようになると，ニューラルネットの応用分野が広がるとともに，ニューラルネットを用いて大規模なデータを対象とする学習を実現することに期待が高まりました。

　ディープラーニングが広く知られるようになる2010年代以前にも，ニューラルネットを大規模化して大量のデータを処理することへの研究的試みは繰り返し行われていました。しかし，単にニューラルネットを大規模化するだけでは，以下に述べるようなさまざまな理由から，大規模データに対するネットワークの学習がうまく進まず，期待したような結果を得ることができませんでした。

　図14.1に，ニューラルネットを大規模化して学習を進める際の問題点を示します。まず，大規模なニューラルネットの学習を進めるためには，高度なコンピ

ュータの計算能力が求められます。具体的には，ニューラルネットの情報を格納するための大容量の主記憶装置や，大量の計算を現実的な時間内に遂行するための高速な計算能力が必要となります。これらは，2010年代以前では，ごく一部のスーパーコンピュータで実現されていたにすぎず，研究を進める上での障害となっていました。次に，計算能力が確保されたとしても，大規模なニューラルネットの学習は探索空間が大きすぎるため，学習を収束させることが極めて難しいという問題がありました。

　これらの問題に対して，近年，コンピュータの能力向上と，ニューラルネット技術の発展により，大規模なニューラルネットを扱うことができるようになりました。

　コンピュータの能力向上については，CPUの高速化やメモリの大規模化，また，**GPGPU**（General Purpose computing on GPU）と呼ばれる並列計算技術の確立により，これまでスーパーコンピュータでなければ計算できなかったような大規模な処理が，PCレベルで可能となりました。GPGPUは，本来はグラフィックスを表示するための処理装置であるGPU（Graphics Processing Unit）を，ニューラルネットの計算などの一般的な数値計算処理に応用するための技術です。

　ニューラルネット技術については，学習方法の改善やニューラルネットの形状に関する新たな工夫により，大規模なニューラルネットを処理することが可能となりました。こうしたことを背景に，ディープラーニングの諸手法が確立して行きました。

従来のニューラルネット	ディープラーニング
・コンピュータの能力の限界から，規模が限られる ・大規模なニューラルネットにおける学習の困難性	・CPUの高速化，GPGPU技術による並列計算，メモリの大規模化から，大規模なニューラルネットを対象とすることが可能となる ・ニューラルネットの学習技術の向上 ・ニューラルネットの形状の工夫（CNN，LSTM, GAN）

図14.1　従来のニューラルネットとディープラーニングの比較

● 14.1.2　ディープラーニングの諸技術

　ディープラーニングの実現には，ニューラルネットの学習技術の向上と，ニュ

ーラルネットの形状の工夫が大きな寄与を与えています。

　ニューラルネットの学習技術の向上には，さまざまな工夫が関係しています。一例として，出力関数の工夫が挙げられます。ニューラルネットの出力関数には，従来，シグモイド関数が用いられてきましたが，多層のニューラルネットの学習においてはシグモイド関数よりも **ReLU 関数**がより適切であることが分かっています。ReLU 関数はランプ関数とも呼ばれます。図 14.2 に ReLU 関数の概形を示します。

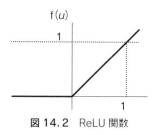

図 14.2　ReLU 関数

　大規模なニューラルネットの学習において，ReLU 関数がシグモイド関数よりも適切であるのは，以下のような理由によります。

　大規模なニューラルネットを実装した多段の階層型ニューラルネットにおいてバックプロパゲーションによる学習を行う際に，シグモイド関数を用いたニューラルネットでは**勾配消失問題**により学習がうまく進まなくなるという現象が生じます。勾配消失問題は，シグモイド関数の微分値が大きな値にならないことが原因で，出力側から入力側に誤差値を伝える際に，誤差の逆伝播値が伝播の都度小さくなっていき，結果として誤差に基づいて行われる学習が進まなくなってしまうという現象です。

　ここで，シグモイド関数の代わりに ReLU 関数を利用すると誤差の伝播値が小さくならず，多段の階層型ニューラルネットにおいてもバックプロパゲーションによる学習が可能となります。

　ニューラルネットの形状の工夫にも，さまざまな提案がなされています（表14.1）。これらのうち，畳み込みニューラルネットは，生物の視覚神経系を模擬した階層型ニューラルネットであり，画像認識の分野のみならず，さまざまな分野で利用されています。LSTM はリカレントニューラルネットの一種であり，時系列的なデータ処理に有効です。また，敵対的生成ネットワークは，教師なし学習を実現するニューラルネットであり，画像生成等の分野で応用されています。

Transformer は，例えば時系列データや自然言語など，対象データがどのように並んでいるのかが重要となるような処理に向いたモデルです。Transformer を利用・発展させた例として，Google の BERT や，OpenAI の GPT-3 及び GTP-4 などがあります。

表14.1 ディープラーニングで用いられるさまざまなニューラルネット（例）

名称	特徴
畳み込みニューラルネット（Convolutional Neural Network, CNN）	生物の視覚神経系を模擬した階層型ニューラルネット。
LSTM（Long short-term memory）	リカレントニューラルネットの一種。時系列的なデータ処理に有効。
敵対的生成ネットワーク（Generative Adversarial Networks, GAN）	教師なし学習を実現するニューラルネットであり，画像生成などの分野で応用されている。
Transformer	自然言語処理などの，データの前後関係が重要視される対象に利用される学習モデル。応用例として，BERT や GPT-3 などがある。

14.2 畳み込みニューラルネット，LSTM，敵対的生成ネットワーク

● 14.2.1 畳み込みニューラルネット

畳み込みニューラルネット（Convolutional Neural Network, CNN）は，図14.3に示すような形式の，多層の階層型ニューラルネットです。畳み込みニューラルネットは生物の視覚神経系の構造にヒントを得たニューラルネットであり，生物の眼に入力された画像に対して視覚神経系が階層的に順次処理を加える構造を，人工ニューラルネットで模倣しています。

一般的な畳み込みニューラルネットでは，入力として2次元のデータを受け取り，畳み込み層とプーリング層の処理を繰り返し施した上で，最後の全結合層から出力を得ます。

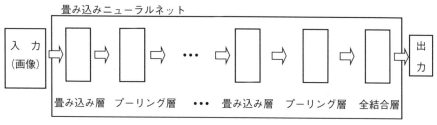

図 14.3 畳み込みニューラルネットの構造

　図 14.3 で，畳み込み層では，与えられた 2 次元データについて，データを小さく区分けした小区画に対して，それぞれの小区画に含まれるデータにある係数を掛けてその和を求める，積和演算を施します。こうして得られたそれぞれの部分に対応する計算値をまとめて 2 次元データとして出力し，次の層へ引き渡します。この時，各部分に対応する値を求める積和演算は，掛け算と足し算を単純に繰り返すだけのシンプルな計算処理です。この計算は，各部分の計算を独立に実行することができるので，並列処理による高速化が可能です。このような演算処理を，一般に畳み込み演算と呼びます。2 次元画像に対する畳み込み演算は，一種の画像フィルタのような処理に対応します。

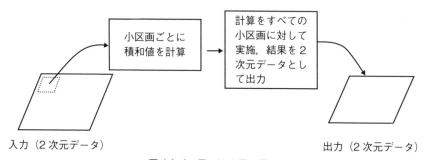

図 14.4 畳み込み層の働き

　図 14.4 の積和演算においては，あらかじめ決められた適当な定数の集まりを用意し，これと入力データの各部分とを掛け合わせてその和を求めることで求めます。定数の設定によって，例えば縦方向の成分を取り出したり，入力データの変化の程度を取り出すなど，入力データのさまざまな特徴を捉えることが可能です。

　プーリング層では，畳み込み層における処理と同様，与えられた 2 次元データ

について，データを小さく区分けした各部分に対して処理を施します。ここでプーリング層では，畳み込み層と異なり，小区画の中の代表値を選び出して出力とします。代表値として，例えば最大値や平均値が用いられます。

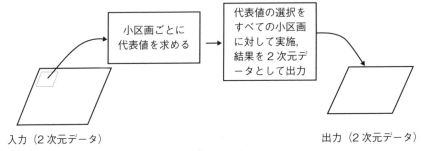

図14.5　プーリング層の働き

　畳み込みニューラルネットは，同じ規模の全結合階層型ニューラルネットと比較して，神経細胞同士の結合数が少なく，学習によって決定すべき変数も少ないので，大規模なネットワークを構成しても学習が可能です。このため，畳み込みニューラルネットは，ディープラーニングにおけるさまざまな問題解決に利用されています。

● 14.2.2　LSTM

　LSTM（Long short-term memory）は，従来のリカレントニューラルネットの欠点を改良したニューラルネットです。リカレントニューラルネットは，第8章で述べたように，階層型ニューラルネットの出力を入力側へ戻す経路を持ったニューラルネットです。リカレントニューラルネットは過去の出力を入力の一部として利用することで，過去のデータに関する記憶を持つことができます。そのためリカレントニューラルネットでは，単純な階層型ニューラルネットでは不可能な，データの時間的な順序関係を学習することが可能です（図14.6）。つまりリカレントニューラルネットでは，あるデータの次にどんなデータが現れるのかといった，データの時系列的な特徴を学習することが可能です。このためリカレントニューラルネットは，音データなどの時系列データの学習に向いています。

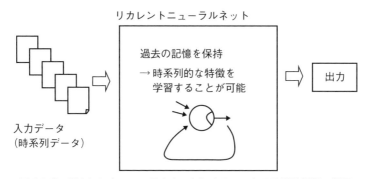

図 14.6 リカレントニューラルネットによるデータの時間的関係の学習

しかし一般的なリカレントニューラルネットでは，単純に出力値を入力に戻すだけでは，学習過程において過去のデータの影響を制御することが難しく，過去のデータの影響を過度に受けたり，影響が小さすぎて過去のデータが学習に反映しなかったりするといった現象が生じます。

そこで LSTM では，過去の記憶の制御方法を工夫することでリカレントニューラルネットの欠点を改良しています。LSTM では，リカレントニューラルネットを構成する神経細胞を，LSTM ブロックと呼ばれる構成要素に置き換えることで高性能化を図っています（図 14.7）。

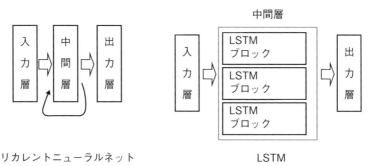

図 14.7 リカレントニューラルネット及び LSTM の構造

LSTM ブロックは，単なる神経細胞ではなく，内部に過去の記憶を持つとともに，外部からの制御信号を受け取れる構造になっています。学習の過程では，外部からの制御信号に基づいて過去の記憶を適宜制御することで，適切な学習が進められるようになっています。

● 14.2.3　敵対的生成ネットワーク

敵対的生成ネットワーク（Generative Adversarial Networks, **GAN**）は，目的が相反する 2 つのネットワークを組み合わせて，新たなデータを生成することを目的としたニューラルネットです。

図 14.8 に敵対的生成ネットワークの構成方法を示します。図には 2 つのニューラルネット，すなわち生成ネットワーク（generator）と識別ネットワーク（discriminator）が含まれています。生成ネットワークは，乱数を入力としてデータを生成します。識別ネットワークは，与えられたデータが本当に存在するものか，あるいは生成ネットワークによって作り出された偽物かを判別します。

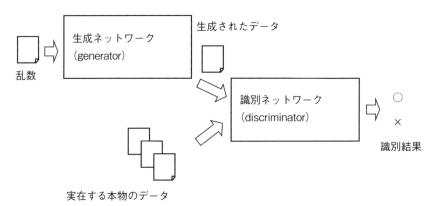

図 14.8　敵対的生成ネットワークの構成

敵対的生成ネットワークの学習においては，まず生成ネットワークが識別ネットワークをうまく騙せるようになるまで生成ネットワークを訓練します。このときは，識別ネットワークは学習を行いません。次に，生成ネットワークは学習を行わずに，生成ネットワークによって作られた偽物と本物のデータをうまく区別できるようになるまで識別ネットワークを訓練します。これを繰り返すことで，生成ネットワークが生み出す偽物のデータは，本当に存在する本物のデータにそっくりになっていきます（図 14.9）。

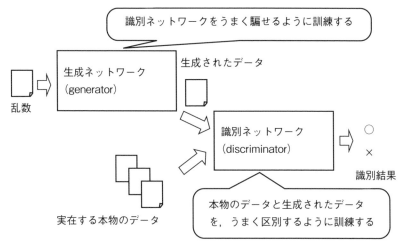

図 14.9　生成ネットワークと識別ネットワークの学習

　敵対的生成ネットワークを利用すると，例えば，本当に実在の人物をカメラで撮影したような写真を生成したり，動画や音楽の生成等を行うことも可能です。

章末問題

問題 1

　畳み込みニューラルネットは画像認識の分野で高い性能を示すことが知られています。しかし，畳み込みニューラルネットは画像認識以外の分野にも応用されています。そうした実例について調査してください。

問題 2

　敵対的生成ネットワークを用いたデータ生成の例を調査してください（画像や動画の生成例の他，音楽などの芸術分野での応用例も見つけることができるでしょう）。

第15章　人工知能の未来

　本章では，これまで紹介してきた人工知能のさまざまな技術を踏まえた上で，あらためて人工知能とは何であるかを考えます。

15.1　強いAIと弱いAI

　本書ではこれまで，人工知能は人間や生物の知的な振る舞いを模倣することで役に立つソフトウェアシステムを構築する技術であるとする立場に立って，人工知能について論じて来ました。この立場は，人工知能技術を工学的技術と捉える際の一般的な立場です。これまで見てきたように，この立場に立つ人工知能研究によって，実社会で役に立つ数々の知的ソフトウェアシステムが生み出されてきました。

　実は，人工知能研究には，他の立場もあります。例えば，人工知能の究極の目

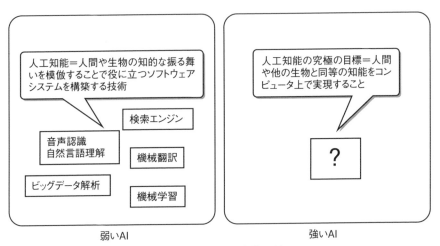

図 15.1　弱い AI と強い AI

標を人間や他の生物と同等の知能をコンピュータ上で実現することとして，生物や人間の知能を追及するという立場があります。こうした立場は，しばしば**強いAI**（strong AI）と呼ばれます。これに対して，本書で述べてきた立場は**弱いAI**（weak AI）と呼ばれます（図 15.1）。

　弱い AI の立場では，人工知能技術に基づくシステムが「真に知的」であるかどうかは考える必要がありません。例えば WATSON が知的であるか，とか，検索エンジンが質問を理解しているか，などといった議論は必要としません。こうした議論を展開するためには，そもそも知的ということはどういうことか，あるいは理解とは何かといった哲学的な考察が必要となります。弱い AI の立場では，こうした議論は必要とせず，人工知能技術はあくまで工学的技術であるという立場に立っています。

　一般社会における人工知能に対する期待は，強い AI にあるようにも思えます。しかし，実際に身近にあって役に立つ技術を構築するためには，弱い AI の立場に立つオーソドックスな人工知能技術が重要でしょう。

15.2　フレーム問題，記号着地問題

　フレーム問題（frame problem）は，人工知能研究における難題として，1969年にマッカーシーらによって指摘されました。フレーム問題は，現実の世界において従来型の人工知能システムが行動しようとすると，環境が複雑すぎて環境に対処する方法を計算しきれず，うまく行動することができないとする指摘です。

　例えば，人工知能による自律エージェントロボットが道路を横断する場合を考えます。ロボットは左右をよく見て，自動車が来ていないことを確認してから道路を横断しました。ところが，横断途中で石につまずいて横転してしまい，後から来た自動車にはねられてしまいました。次のロボットは，横断する前に左右をよく見るだけでなく，道路の様子も確認して石がないことを確かめます。その他，道路に穴が開いていないかとか，空から何か降ってこないかとかさまざまなことを確認しているうちに交通状況が変わってしまい，渡り始めた頃には自動車が来て轢かれてしまいました。3 番目のロボットは，確認に確認を重ねたあげく，計算が終了せずに，ついに最後まで道路に踏み出すことすらできませんでした。

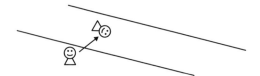

（1）左右をよく見て，自動車が来ていないことを確認してから道路を横断したが，横断途
　　中で石につまずいて横転した

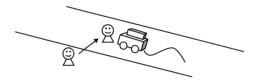

（2）さまざまな事項を確認すると，計算途中で状況が変化してしまう（車に轢かれてしまう）

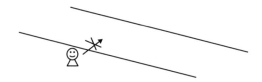

（3）あらゆることを確認しようとすると，最後まで道路に踏み出すことすらできない

図 15.2　フレーム問題

　フレーム問題は，記号処理的な人工知能システムが現実世界の多様性に対処することの難しさを主張しています。フレーム問題は人工知能システムの問題とされていますが，実は人間や他の生物もフレーム問題を解決しているわけではない点にも注意が必要です。我々人間も，道路を横断する際には上記のロボットと同じような状況に陥ることもありますから，人間がフレーム問題を解決していると断言するのは言いすぎかもしれません。

　記号着地問題（symbol grounding problem）は，意味の理解に関する問題です。記号着地問題における記号とは，自然言語における文字の並びのことで，単語や形態素にあたります。人工知能では，記号はそのままの単なる記号として扱います。例えば探索は記号を探し出す技術ですし，意味ネットワークでは記号同士の関係を扱います。自然言語処理における形態素解析では，形態素の切り出しや辞書の見出し語と形態素のマッチングを行います。これらはいずれも，記号をそのまま記号として処理しているのであり，記号が意味する概念を扱っているわけで

はありません。このような，記号が表す概念を扱わない状態を，"記号が着地していない"と表現します。人工知能技術によるシステムでは，例えば「りんご」という記号列は単なる記号の並びであり，りんごという果物の概念と結びついているわけではありません。このように，人工知能システムと人間では，記号の理解に違いがあるとするのが，記号着地問題における問題提起です。

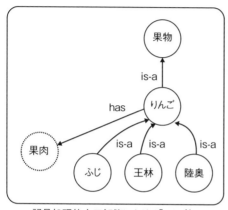
記号処理的人工知能における「りんご」

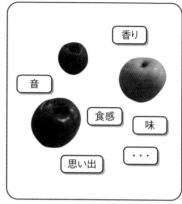
人間にとっての「りんご」

図15.3 記号着地問題

フレーム問題や記号着地問題は，人工知能がどのような学問領域であるかを考える上でも重要な問いかけです。また，前節で述べた強いAIが実現可能かどうかを考察する際には，フレーム問題や記号着地問題は1つの手がかりになると考えられます。

15.3 人工知能とは何だろうか

本書の最後にあたり，あらためて，人工知能とは何なのかについてまとめましょう。本書では，人工知能は人間や生物の知的な振る舞いを模倣することで役に立つソフトウェアシステムを構築する技術であるとしています。人工知能技術は，自然言語インタフェースや自動翻訳，ビッグデータ解析やディープラーニングなど，さまざまな局面で役立ってきましたし，今後もこの立場の研究が発展するものと思われます。この意味では，フレーム問題や記号着地問題は技術的な問題点とはならず，解決の必要もありません。

　それにもかかわらず，人工知能の研究者の間では**技術的特異点（technological singularity）**についての議論もなされています。技術的特異点はシンギュラリティとも呼ばれ，計算機の能力が人類の知的能力を上回る時点のことを意味します。このときどのようなことが起こるのかは予測困難なので，これを特異点と呼んでいます。技術的特異点は，21世紀中頃に迎えることになると予想されています。

　技術的特異点を迎えた際に，フレーム問題や記号着地問題はどうなるのか，あるいは強いAIが出現するのか，これらは興味深い問題です。現在の人工知能技術を超えた汎用人工知能が出現するとすれば，それはどのような技術的背景から生まれるのでしょうか。

AIを卒業したAI技術たち

　AI研究には不思議な伝統があります。それは，AI研究から生まれた役に立つ技術は，いずれAIを卒業して，独自の分野を切り拓くというものです。

　例として，コンパイラの技術が挙げられます。かつて，プログラム言語で記述されたソースプログラムを機械語プログラムに変換するコンパイラの技術は，AI研究の対象でした。しかし現在では，コンパイラがAIであると思う人はありません。また，かな漢字変換の技術も，かつてはAI研究の研究対象でした。しかし一旦かな漢字変換の技術が完成すると，かな漢字変換の技術はAIの技術だとは見なされなくなりました。

　同じようなことが，機械翻訳や自然言語認識，あるいはエキスパートシステムなどの分野で起こっています。いずれ機械学習やビッグデータ処理も，AI研究から卒業するのかもしれません。ある技術が社会の役に立つようになるとその技術がAIではなくなるというのは，AIの立場からすると妙な伝統だと思いませんか？

章末問題

問題1

　人間がフレーム問題に陥る例を考えてください。

問題 2

音声応答システムやネットワーク検索システムのような人工知能応用技術が，強い
AI によって実現されていたとすると，それらはどのように振る舞うでしょうか。

問題 3

以下の学問領域について調査してください。

認知科学　心理学　言語学　哲学　神経科学　脳科学

章末問題　略解

第 1 章

問題 1

スマートフォンのアプリケーションや，音声自動応答システムなどで実用化されています。

問題 2

クローラは，Web サイトを自動的に巡回してデータを収集するソフトウェアエージェントです。

問題 3

例えばコマンドの使い方やマウスの動かし方などは，同じ作業をする場合でも利用者ごとに差異があるのが普通です。そこで，正当なコンピュータ利用者の利用上の癖をあらかじめ学習しておき，正当な利用者についての標準的な挙動データを蓄えます。そして毎回のセッションでは，あらかじめ学習した癖との差異を絶えず調べます。もし差が一定以上大きければ，その利用者は侵入者であると判断します。

問題 4

省略

第 2 章

問題 1

"The imitation game" には，コンピュータの他，男女 2 名の参加者が登場します。

問題 2

本文に登場した初期の人工知能システムの他，例えば emacs エディタや，一部のオンラインショッピングシステムなども LISP 言語で記述されています。

問題 3

「第一世代」から「第四世代」までは，コンピュータの実装技術に関連する表現です。

問題 4

学術論文のほか，巻末の参考文献に示したような，一般向けの書籍も刊行されています。

第 3 章

問題 1

次のような手続きとなります。

① 現在の並び方から，次に行ける並び方候補を探し出す。
② 並び方候補の中から**ランダム**に 1 つ選んで並び替える。
③ 並び方が目標の状態（つまり，すべて表またはすべて裏）でなければ，①に戻る。

プログラム言語でこれを実装するのは容易です。例えば C 言語のような手続き型言語を用いるのであれば，①から③をループ構文で繰り返せばよいでしょう。

問題 2

各状態に対して，4 種類のオペレータを適用することができます。探索木は，状態から 4 本の枝が伸びた形式になります。

問題 3

C 言語や Java 言語などで書くこともできますし，Perl や Ruby といったスクリプト言語も便利です。また，リストの扱いが容易な lisp 言語を用いるのも良い方法です。

第 4 章

問題 1

最良優先探索では，ヒューリスティック関数の与える評価値を基に探索を制御します。そこで，オープンリストに含まれる各節点の評価値を，引数として節点に付記することにします。この記法を用いると，オープンリストとクローズドリストは，以下のように

変化します。

O(S)　　　　C()
→O(A(S, 8))　　　C(S)
→O(D(A, 5), C(A, 7), B(A, 9))　　　C(S, A(S))
→O(I(D, 2), H(D, 4), C(A, 7), B(A, 9))　C(S, A(S), D(A))
→O(H(D, 4), C(A, 7), B(A, 9))　　　C(S, A(S), D(A), I(D))
→O(K(H, 2), J(H, 3), C(A, 7), B(A, 9))　C(S, A(S), D(A), I(D), H(D))
→O(J(H, 3), C(A, 7), B(A, 9))　　　C(S, A(S), D(A), I(D), H(D), K(H))
→O(G(J, 0), N(J, 4), C(A, 7), B(A, 9))　C(S, A(S), D(A), I(D), H(D), K(H), J(H))

最後の行でオープンリストの先頭に目標状態 G が現れて，探索を終了します。

問題 3

α-β 法の実装方法については，巻末の参考文献などを参照してください。

第 5 章

問題 1

飛行機に関する知識は，例えば次のようになるでしょう。

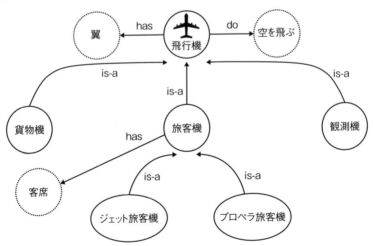

図 A. 1　意味ネットワークによる飛行機に関する記述（解答例）

問題2

問題の①から⑤に対応する表現を下記に示します。

if(飛ぶ，羽毛がある，たまごを生む) then(鳥) …………①

if(鳥，水面を泳ぐ) then(水鳥) ……………………………②

if(鳥，黒い) then(カラス) ………………………………③

if(鳥，白い) then(シラサギ) ……………………………④

if(水鳥，白い) then(ハクチョウ) ………………………⑤

問題3

図5.9 (2) の場合は，述語による記述は次のようになります。

ontable(a)

ontable(c)

on(b, a)

第6章

問題1

質問1 「ノートPCにはディスプレイがありますか」

　ノートPCはPCであり，PCは情報機器です。情報機器にはディスプレイがあります。したがって継承により，ノートPCにはディスプレイがあります。

質問4 「携帯電話にはキーボードがありますか」

　意味ネットワークに記述された範囲では，携帯電話にはディスプレイとCPUがあることしかわかりません。したがって，開世界仮説を採用すると「わからない」となります。もし閉世界仮説を採用すると「ありません」となります。

問題2

　知識の最後にある

　　happy(X):-likes(_, X).

という表現は，「誰かに好かれていれば，その人は幸せです」という意味を表します。具体的には，述語likesの2番目の引数を探します。すると，

　　X = computer;

X = computer;

X = taro;

X = momoko;

という答えが見つかります。computer が 2 回現れますが，知識の中で likes の 2 番目の引数として 2 回出現しているためです。

問題 3

本文と同様に，ワーキングメモリを用いて推論を進めることで，それはトラックであるとの結論を得ます。

第 7 章

問題 1

今後株価が上がるか下がるかを学習するのであれば，対象とする企業についての過去のある時点での情報を集め，その後株価がどう変化したかを教師データとして付加することで，教師あり学習のための学習データとします。

問題 2

$C_{D1} = 1$，　$C_{D2} \fallingdotseq 0.78$，　$C_{D3} \fallingdotseq 0.11$

問題 3

生成規則③と④は，ともに一致度が 1 となりますから，例示記号列を完全に生成することができます。この意味では，どちらも正解です。ただし，一般には規則は単純であることや汎用性があることが求められます。この意味からは，規則を表現する記号列の短い規則③が好まれるでしょう。

問題 4

サポートベクターマシンは，属性に応じて探索空間内に配置されたデータ群を，効率良く 2 つに分類する平面を求める手法です。

第8章

問題1

$y = 0.009 + 0.549t$

問題2

　入力の組に対する出力 z を計算すると，次のようになります。これは，論理積の演算結果と同様です。

x_1	x_2	u	z
0	0	-1.5	0
0	1	-0.5	0
1	1	-0.5	0
1	0	0.5	1

また，$v = 0.5$ とすると次のようになります。この結果は，論理和（OR）の演算結果です。

x_1	x_2	u	z
0	0	-0.5	0
0	1	0.5	1
1	1	0.5	1
1	0	1.5	1

問題3

　バックプロパゲーションの学習手続きは，プログラム言語風に記述すると次のようになります。なお，学習の本体の繰り返しは，例えば学習データセット全体に対する誤差の総和が繰り返しによっても改善しなくなくなるなど，適当な終了条件を満たすまで繰り返します。

初期化：ネットワークの結合荷重としきい値を乱数により設定する。
学習の本体：以下の①から③を繰り返す。
　　① 学習データのうちの1つを取り出し，ニューラルネットの出力 z' を計算する。
　　② 学習データに含まれる正解値 z との誤差 E を求める。

③ 誤差 E に従って，ニューラルネットの結合荷重としきい値を修正する。

問題 4

　生物の神経回路における Hebb 則とは，繰り返し信号が伝達される神経回路の結合荷重は，繰り返しによってより強くなるとする学習則です。

問題 5

　本文に示した日本語による説明と対応付けることができます。

第 9 章

問題 1

　例えば次のような手続きとなります。

5-gram 作製手続き

初期化：ファイルから配列に処理対象テキストを読み込む。

　　　　　繰り返しのカウンタ i に 0 をセット。

5-gram 作製の本体：配列の終わりまで以下を繰り返す。

　① i から $i+4$ までの配列要素を出力し改行する。

　② i を 1 増やす。

問題 2

　出現頻度が 4 以上の 3-gram は以下の通りです。

出現頻度	3-gram
6	ログラ
6	プログ
6	グラム
6	LIZ
6	IZA
6	ELI

4	よって
4	によっ

問題3

例えば文章1における「自然言語処理」について計算します。

tf＝(「自然言語処理」の出現頻度)／(文章全体に含まれる単語の数)
　　＝2/3≒0.66

idf＝log((文章の総数)／(「自然言語処理」の含まれる文章の数))
　　＝log(3/2)≒0.18　　　よって，

tf-idf≒0.12

第10章

問題1

$\langle S \rangle \rightarrow \langle NP \rangle \langle VP \rangle$　　　　　　　①
　　$\rightarrow \langle ART \rangle \langle N \rangle \langle VP \rangle$　　　　　　③
　　$\rightarrow \langle ART \rangle \langle N \rangle \langle V \rangle \langle NP \rangle$　　　　④
　　$\rightarrow \langle ART \rangle \langle N \rangle \langle V \rangle \langle PRON \rangle$　　②
　　$\rightarrow$a pen　is this　　　　⑤⑥⑦⑧

問題2

生成例
　これはとてもすばらしいものです
　これはとてもとてもとてもとてもすばらしいものです

問題3

$(\langle S \rangle ((\langle NP \rangle ((\langle ART \rangle (a)) (\langle N \rangle (pen)))) (\langle VP \rangle ((\langle V \rangle (is)) (\langle NP \rangle ((\langle ART \rangle (a)))$
$(\langle N \rangle (pen))))))))))$

第11章

問題 1

省略

問題 2

　ルーレット選択は，評価値に応じた幅を持ったルーレットを使って選ぶ選択手法です。ルーレット選択では，評価値の大きいものほど選択されやすくなりますが，評価値の小さいものも選ばれる可能性が残ります。これは，遺伝子の多様性を維持する上で有効です。

問題 3

　粒子群最適化法の処理手続きは，以下のように表現されます。

> **粒子群最適化法の手続き**
> 　初期化：乱数により，粒子群を適当な位置と速度に初期化する。
> 　探索の本体：以下の①と②を繰り返す。
> 　　① 各粒子の速度と位置を更新し，自分自身の最良位置の情報も更新する。
> 　　② 群れ全体としての最良位置や最良評価値を更新する。

問題 4

省略

第12章

問題 1

(1) 以下のパターンの繰り返しとなります。

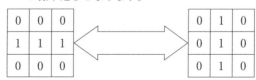

(2) 次の時刻ですべてのセルの状態が 0 となります。

(3) 次の時刻では，以下のパターンとなります。

0	0	1	0	0
0	1	0	1	0
1	1	0	1	1
0	0	0	0	0

この後，パターンは領域の外に向かって広がりを見せ，173 ステップ後に定常状態に陥ります。

問題 2

人間をエージェントで表現し，接触による感染のルールを設定します。その上で，エージェントの居住地や勤務先などの配置を決め，エージェントの移動手段として徒歩や電車などを与えます。これらの下でシミュレーションを実施し，例えば感染拡大と交通規制の関係などを調べます。

第 13 章

問題 1

センサとして，床の黒線を読み取るための明暗センサや画像センサが必要です。アクチュエータとして簡単なのは，電動モーターでしょう。これらの制御のために，制御機構としてマイコンや適当な電子回路が必要です。

問題 2

下位層において前進を制御し，中間層で衝突回避を実現します。さらに上位層で部屋全体を移動する制御を実現します。

第 14 章

問題 1

例えば囲碁の AI プレーヤーである AlphaGo では，畳み込みニューラルネットを利用しています。

問題 2

例えば MuseGAN と呼ばれる敵対的生成ネットワークでは，音楽の生成と識別を行うことで，新たな楽曲の生成を行います。

第 15 章

問題 1

人間がフレーム問題を完全に解決しているとすると，交通事故をはじめとして，工場などの製造現場での事故やスポーツにおける事故など，さまざまな種類の事故の発生が激減するでしょう。

問題 2

強い AI が人間のような挙動を取ると仮定すると，必ずしも使いやすいインタフェースとはならないでしょう。

問題 3

省略

参考文献

全般

(1) S. J. Russell, P. Norvig, *Artificial Intelligence : A Modern Approach*（*thired edition*）. Prentice Hall（2016）. 古川 康一（監訳），『エージェントアプローチ人工知能　第2版』，共立出版（2008）.

　　エージェント技術に限らず，人工知能の広範な領域について広く深く述べた教科書。1100ページ以上の大作。

(2) P. H. Winston, *Artificial Intelligence*（*third edition*）. Addison-Wesley（1992）.

　　人工知能の定番教科書。記述がとても丁寧で，読むだけで理解できる。これも700ページ以上の大作。

(3) 人工知能学会編，『人工知能学大事典』，共立出版（2017）.

　　人工知能のさまざまな領域について述べた大事典。

第1章，第15章

(1) J. McCarthy, "WHAT IS ARTIFICIAL INTELLIGENCE?" http://www-formal.stanford.edu/jmc/whatisai/,（参照 2023-05-13）.

　　人工知能の大御所マッカーシー教授が，人工知能とは何かについて述べた Web サイト。

第2章

(1) 人工知能学会，『人工知能の歴史』https://www.ai-gakkai.or.jp/whatsai/AIhistory.html,（参照 2023-05-13）

　　日本の人工知能学会の Web サイト内にある，人工知能の歴史年表。

(2) A. M. Turing, Computing Machinery and Intelligence., *Mind 49*: 433-460（1950）.

　　チューリングがイミテーションゲーム（いわゆるチューリングテスト）を提唱した原論文。

(3) J. McCarthy, M. L. Minsky, N. Rochester, C. E. Shannon, "A PROPOSAL FOR THE DARTMOUTH SUMMER RESEARCH PROJECT ON ARTIFICIAL INTELLIGENCE." http://www-formal.stanford.edu/jmc/history/dartmouth/dartmouth.html,（参照 2023-05-13）.

　　ダートマス会議の提案書。

(4) M. L. Minsky, *Society Of Mind*, Simon and Schuster（1986）. 安西 祐一郎（訳），『心の社会』，産業図書（1990）.

　　マッカーシー教授と並ぶ人工知能の大家であるミンスキー教授が，知的活動の主役である「心」の構造と機能を解き明かしたエッセイ集。

(5) S. Baker, *Final Jeopardy : Man vs. Machine and the Quest to Know Everything*, Houghton Mifflin Harcourt（2011）. 土屋 政雄（訳）『IBM 奇跡の"ワトソン"プロジェクト―人工知能はクイズ王の夢をみる』，早川書房（2011）.

　　質問応答システム WATSON の開発ドキュメント。

(6)　松原 仁（編），『コンピュータ囲碁』，共立出版（2012）.
　　囲碁を題材に，コンピュータゲームプレーヤーの構成方法を詳解している。

第3章～第6章
「全般」の項を参照のこと。

第7章，第8章
(1)　C. M. Bishop, *Pattern Recognition and Machine Learning*, springer（2006）. 村田 昇（監訳），『パターン認識と機械学習：ベイズ理論による統計的予測（上下巻）』，シュプリンガージャパン（2007）.
　　機械学習の代表的教科書。
(2)　電気学会（編），『学習とそのアルゴリズム』，森北出版（2002）.
　　ニューラルネットワークや遺伝的アルゴリズム，強化学習などについての，具体的な工学的応用を念頭においた紹介がある。
(3)　小高 知宏，『機械学習と深層学習 Python によるシミュレーション』，オーム社（2018）.
　　機械学習の入門書。プログラムリスト付き。

第9章，第10章
(1)　J. Weizenbaum, ELIZA—a computer program for the study of natural language communication between man and machine., *Communications of the ACM*, Vol. 9, No. 1, pp. 36-45（1966）.
　　ELIZA の原論文。
(2)　小高 知宏，『Python で学ぶはじめての AI プログラミング 自然言語処理と音声処理』，オーム社（2020）.
　　人工無脳あるいはボットを，人工知能研究の立場から捉えた入門書。プログラム例が豊富。

第11章
(1)　大谷紀子，『進化計算アルゴリズム入門』，オーム社（2018）.
　　遺伝的アルゴリズムや群知能のプログラム例が豊富。
(2)　伊庭 斉志，『C による探索プログラミング—基礎から遺伝的アルゴリズムまで』，オーム社（2008）.
　　プログラミングを主眼においた教科書。

第12章，第13章
(1)　西成 活裕，『渋滞学』，新潮社（2006）.
　　「渋滞」をキーワードに，セルオートマトンによるシミュレーションを中心とした解析手法を紹介。
(2)　R. Pfeifer, C. Scheier, *Understanding Intelligence*, A Bradford Book（1999）. 石黒 章夫・細田 耕・小林 宏（訳），『知の創成—身体性認知科学への招待』，共立出版（2001）.

　人工知能と現実世界が相互作用するとどうなるかを追求した，身体性認知科学に関する書籍。

第14章

(1)　Ian Goodfellow, Yoshua Bengio, Aaron Courville, *Deep Learning*, MIT Press（2016）.
　http://www.deeplearningbook.org/
　　ディープラーニングについて基礎から学べる教科書。オンラインで読むことができる。

(2)　斎藤 康毅，『ゼロから作る Deep Learning—Python で学ぶディープラーニングの理論と実装』，オライリージャパン（2016）.
　　ディープラーニングのアルゴリズムを具体的に解説した技術書。

第15章

(1)　塚本 昌彦ほか，"人類と ICT の未来：シンギュラリティまで30年？"，情報処理，Vol. 56, No. 1, pp. 2-48（2015）.
　　情報処理学会による，技術的特異点に関する特集記事。

索　引

小高　知宏（おだか　ともひろ）
1990年　早稲田大学大学院理工学研究科博士後期課程修了（工学博士）
現　在　福井大学大学院工学研究科　教授
専　攻　知能情報学
主著書　『文理融合　データサイエンス入門』（共著，2021），『人工知能入門』（2015）
　　　　（以上，共立出版）
　　　　『Python 言語で学ぶ 基礎からのプログラミング』（2021），『Python 版 コンピュータ科学とプログラミング入門』（2021），『C 言語で学ぶ コンピュータ科学とプログラミング』（2017），『コンピュータ科学とプログラミング入門』（2015），『基本情報技術者に向けての情報処理の基礎と演習 ハードウェア編，ソフトウェア編』（2005），『人工知能システムの構成』（共著，2001）**（以上，近代科学社）**
　　　　『TCP/IP で学ぶネットワークシステム』（2006），『計算機システム』（1999），『これならできる！C プログラミング入門』（1997）**（以上，森北出版）**
　　　　『機械学習をめぐる冒険』（2021），『Python で学ぶ はじめての AI プログラミング』（2020），『基礎から学ぶ 人工知能の教科書』（2019），『Python による TCP/IP ソケットプログラミング』（2019），『機械学習と深層学習：Python によるシミュレーション』（2018），『Python による数値計算とシミュレーション』（2018），『強化学習と深層学習：C 言語によるシミュレーション』（2017），『自然言語処理と深層学習：C 言語によるシミュレーション』（2016），『機械学習と深層学習：C 言語によるシミュレーション』（2016），『C による数値計算とシミュレーション』（2009），『C によるソフトウェア開発の基礎』（2009），『情報通信ネットワーク』（共著，2015），『基礎からわかる TCP/IP アナライザ作成とパケット解析（第2版）』（2004），『TCP/IP ソケットプログラミング　C 言語編』（監訳，2003）**（以上，オーム社）**

人工知能入門　第2版
Introduction to Artificial Intelligence, Second Edition　　　　検印廃止

2015 年 9 月 15 日　初版 1 刷発行	著　者　小　高　知　宏　© 2023
2020 年 9 月 30 日　初版 3 刷発行	
2023 年 8 月 15 日　第 2 版 1 刷発行	発行者　南　條　光　章
2024 年 9 月 10 日　第 2 版 2 刷発行	

発行所　**共立出版株式会社**

〒112-0006　東京都文京区小日向 4-6-19
電話　03-3947-2511　振替　00110-2-57035
URL　www.kyoritsu-pub.co.jp

印刷：精興社／製本：協栄製本

NDC 007.13／Printed in Japan

ISBN 978-4-320-12568-1

一般社団法人
自然科学書協会
会員

JCOPY <出版者著作権管理機構委託出版物>
本書の無断複製は著作権法上での例外を除き禁じられています．複製される場合は，そのつど事前に，出版者著作権管理機構（ＴＥＬ：03-5244-5088，ＦＡＸ：03-5244-5089，e-mail：info@jcopy.or.jp）の許諾を得てください．

MACHINE LEARNING

A Bayesian and Optimization Perspective 2nd ed.

機械学習

ベイズと最適化の観点から ［原著第2版］

機械学習の基本的な内容から最新の話題までを解説！

[著]
Sergios Theodoridis

[監訳]
岩野和生・中島秀之

[訳]
石川達也・上田修功
浦本直彦・岡本青史
奥野貴之・鹿島久嗣
澤田 宏・中村英史
南 悦郎

古典的な回帰および分類から最新のトピックまで、幅広くカバー！

B5判・1,094頁
定価16,500円（税込）
ISBN978-4-320-12496-7

www.kyoritsu-pub.co.jp

共立出版

（価格は変更される場合がございます）